水利工程智能监测与自动化控制

王玉明　著

黄河水利出版社
·郑州·

图书在版编目(CIP)数据

水利工程智能监测与自动化控制 / 王玉明著 .
郑州 : 黄河水利出版社, 2025. 7. -- ISBN 978-7-5509-4218-9

Ⅰ. TV6

中国国家版本馆 CIP 数据核字第 2025H91P96 号

组稿编辑:韩莹莹　　电话:0371-66025553　　QQ:1025524002

责任编辑: 周　倩　责任校对: 陈俊克　封面设计: 张心怡　责任监制: 常红昕

出版发行: 黄河水利出版社

地址: 河南省郑州市顺河路 49 号　邮政编码: 450003

网址: www. yrcp. com　E-mail: hhslcbs@ 126. com

发行部电话: 0371-66020550、66028024

承印单位: 郑州市今日文教印制有限公司

开本: 787 mm×1 092 mm　1/16

印张: 10.75

字数: 203 千字

版次: 2025 年 7 月第 1 版　印次: 2025 年 7 月第 1 次印刷

定价: 56.00 元

前　言

水利工程作为国民经济的重要基础设施，承担着防洪减灾、水资源管理、灌溉、发电等多重功能，对维护社会稳定、促进经济发展、保障生态环境具有不可替代的作用。然而，随着全球气候变化的加剧、城市化进程的加速，以及人口的不断增长，水利工程面临着更为复杂和严峻的挑战。一方面，极端天气事件频发，导致洪涝灾害日益严重，对水利工程的安全运行提出了更高的要求；另一方面，水资源的供需矛盾日益突出，需要更加高效和精细化的水利工程管理和调度。在此背景下，水利工程智能监测与自动化控制技术的发展显得尤为重要。智能监测技术通过集成现代信息技术、传感器技术、无线通信技术和数据处理算法，能够实时、准确、高效地获取水利工程的状态信息，为工程的安全运行和高效管理提供数据支持。自动化控制技术则通过集成数据采集与监控系统（SCADA）、可编程逻辑控制器（PLC）技术、现场总线技术、分布式控制系统（DCS）以及智能控制技术，实现对水利工程的远程监控和智能控制，提高工程的运行效率和安全性。近年来，随着物联网、大数据、云计算、人工智能等先进技术的不断发展，水利工程智能监测与自动化控制技术正经历着前所未有的变革，为水利工程的现代化和智能化发展提供了新的机遇。

水利工程智能监测与自动化控制的研究具有重要的理论意义和实践价值。在理论层面，该研究有助于推动水利工程学科与现代信息技术的交叉融合，丰富水利工程信息化和智能化的理论体系。通过深入研究智能监测技术和自动化控制技术在水利工程中的应用，可以揭示其背后的科学原理和技术规律，为水利工程的智能化管理提供理论支持。在实践层面，水利工程智能监测与自动化控制的应用，可以显著提高水利工程的管理效率和水平，降低运行成本，减少人为错误，提升工程的安全性和可靠性。此外，该技术还有助于实现水资源的优化配置和高效利用，为应对水资源短缺、洪涝灾害等挑战提供有力保障。因此，研究水利工程智能监测与自动化控制对于保障国家水安全、促进经济社会可持续发展具有重要意义。

本书采用文献综述、案例分析、试验验证等多种研究方法相结合的方式进行。首先，通过广泛查阅国内外相关文献，梳理水利工程智能监测与自动化控制技术的发展历程、现状和未来趋势，为本研究提供理论支撑和背景信息。其次，选取典型的水利工程案例进行深入分析，总结智能监测与自动化控制技术在这些工程中的应用经验和教训，提炼出具有普遍适用性的技术方案和管理模式。同时，结合试验验证，对关键技术和设备进行测试与优化，确保其在实际工程中的可靠性和有效性。通过综合运用这些研究方法，可以全面、系统地探讨水利工程智能监测与自动化控制的理论和实践问题，为水利工程的智能化管理提供科学依据和技术支持。

本书共分为 6 章，系统阐述了水利工程智能监测与自动化控制的完整体系。第 1 章从水利工程在国家水安全保障、防洪减灾体系中的战略地位出发，结合全球气候变化背景下对工程安全运行的更高要求，分析了信息化、智能化技术推动水利工程现代化转型的必然趋势。第 2 章聚焦智能监测系统，详细解析了由传感器网络、数据传输系统、数据处理中心等模块构成的智能监测体系，重点介绍了水位、流量、结构安全等关键监测技术的原理与应用场景。第 3 章通过浮子式、压力式、超声波水位计的对比分析，电磁流量计、超声波流量计的技术特性研究，以及基于谱分析的振弦式传感器数据采集方法等案例，深入探讨了智能监测技术的工程实践路径。第 4 章系统梳理了自动化控制技术的定义与分类、反馈控制原理和智能控制算法，结合 SCADA 系统、PLC 技术、现场总线等关键技术的融合应用，构建了水利工程自动化控制的理论框架。第 5 章通过三峡通航调度系统、南水北调水量调度系统、大藤峡水利枢纽安全监测平台等典型案例，展示了自动化控制系统在提升工程运行效率、保障安全稳定方面的显著成效。第 6 章展望了物联网、大数据、数字孪生等技术融合带来的创新发展机遇，也直面数据安全、技术标准、人才短缺等现实挑战，提出了加强核心技术攻关、完善产业链布局、健全人才培养体系等应对策略。

本书适用于从事水利工程设计、施工、管理、科研等领域的技术人员和管理人员，以及相关专业的师生和科研人员参考使用。作者在撰写本书时，虽力求严谨，但恐有遗漏和谬误，希望读者能够提出宝贵意见，以帮助笔者不断完善。

作　者

2025 年 4 月

目　录

第 1 章　水利工程的重要性与发展趋势

水利工程作为人类利用和改造自然的重要手段,对于保障水资源安全、促进经济发展、维护生态平衡具有不可替代的作用。本章将深入探讨水利工程的重要性,分析其在水资源管理与调配、防洪减灾等方面的关键作用,并展望水利工程在智能化与信息化、生态水利及可持续发展等方面的发展趋势,为后续章节内容奠定理论基础。

1.1　水利工程的重要性

水利水电工程是防御水旱灾害、配置水资源、发展水力发电、促进农业生态和保障交通航运的基础设施,对维护国家水安全和推动经济社会可持续发展发挥着不可或缺的支撑作用。水利水电工程的安全运行,直接关乎其影响区域内人民群众的生命财产安全及社会经济稳定发展。确保水利水电工程安全至关重要,一旦工程失事,将造成难以估量的损失。近年来,四川涪江流域 13 座水库遭遇漫坝险情、美国奥罗维尔水库(Oroville Reservoir)溢洪道受损、老挝桑片-桑南内(Xe-Pian Xe-Namnoy)水电站副坝溃坝等一系列事件,均表明水利水电工程仍面临安全风险。2021 年 3 月,《中华人民共和国国民经济和社会发展第十四个五年规划和 2035 年远景目标纲要》明确提出,“立足流域整体和水资源空间均衡配置,加强跨行政区河流水系治理保护和骨干工程建设,强化大中小微水利设施协调配套,提升水资源优化配置和水旱灾害防御能力”。水利水电工程的安全,对保障防洪、供水、水生态等方面的安全至关重要,为全面建设社会主义现代化国家提供了坚实的支撑和保障。

1.1.1　水资源管理与调配

1.1.1.1　水资源的稀缺性与重要性

水资源作为人类生存和发展的基础性自然资源,其重要性不言而喻。从生理需求层面看,人体约 70% 由水构成,水参与人体的新陈代谢、体温调节、物质运输等关键生理过程,是维持生命活动的必需物质。在农业领域,水是农作物生长不可或缺的要素,灌溉用水保障了全球粮食的稳定供应,没有充足的水资源,农业生产将受到严重制约,进而影响人类的粮食安全。在工业生产中,水被广泛用于冷却、加工、运输等环节,许多工业产品的生产都离不开水的参与,如钢铁制造、化工生产等。

然而,随着全球人口的持续增长和经济的快速发展,水资源的需求呈现出急剧增加的趋势。全球人口数量不断攀升,城市化进程加速,城市人口对水资源的需求在数量和质量上都提出了更高的要求。同时,工业生产规模不断扩大,新兴产业的兴起也进一步增加了水资源的消耗。但水资源的分布却极不均衡,从空间分布上看,有些地区水资源丰富,如南美洲的亚马孙河流域,而有些地区则面临严重的水资源短缺问题,如非洲的撒哈拉沙漠周边地区。从时间分布上看,降水集中在少数几个月,导致其他时段水资源匮乏。这种不均衡性使得部分地区的水资源供需矛盾日益突出,水资源短缺已经成为制约当地经济社会发展的重要因素。

水利工程通过科学合理地管理和调配水资源,能够有效缓解这一矛盾。它可以根据不同地区、不同时段的水资源需求,对水资源进行重新分配,提高水资源的利用效率,确保水资源的可持续利用。例如,通过跨流域调水工程,将水资源丰富地区的水调配到水资源短缺地区,满足当地的生活、生产和生态用水需求。这不仅有助于保障人们的生存和发展,还能促进区域经济的协调发展,维护生态系统的平衡。

1.1.1.2　水利工程在水资源管理与调配中的作用

水利工程在水资源管理与调配中发挥着至关重要的作用。水库、水闸、引水渠等水利工程设施是实现水资源有效管理和调配的重要手段。

水库作为水利工程的核心设施之一,具有强大的调节功能。在丰水期,水库可以拦截河流的径流,将多余的水量蓄存起来。这不仅可以减轻下游地区的洪水威胁,保护人民生命财产安全,还可以为后续的水资源利用提供储备。例如,三峡水库在汛期能够拦蓄大量洪水,有效降低长江中下游地区的洪水风险;在枯水期,水库则可以根据需求放水,调节河流径流,保障下游地区的灌溉、发电、城市供水等多种需求。对于农业灌溉来说,水库放水可以确保农作物在干旱季节得到充足的水分,提高农作物的产量和质量。在发电方面,水库的调节作用使得水电站能够稳定发电,为工业生产和居民生活提供可靠的电力支持。城市供水也离不开水库的保障,水库可以为城市提供清洁、稳定的水源,满足城市居民的日常用水需求。

水闸则主要用于控制水流的流量和水位。通过调节水闸的开度,可以实现对河流水位的精确控制。在洪水期,关闭水闸可以阻挡洪水的侵袭,保护周边地区的安全。在枯水期,适当开启水闸可以引入上游的水,增加下游的水量,改善下游的生态环境。引水渠则是将水从水源地输送到用水地区的重要通道,它可以跨越不同的地形和区域,将水资源合理分配到各个需要的地方。例如,一些干旱地区通过修建引水渠,将远处的河水引入当地,解决了当地的用水难题,促进了当地农业和经济的发展。

水利工程还可以通过对水质的监测和管理,保障水资源的清洁和安全。在水库、河流等水域设置水质监测站点,实时监测水质指标,如酸碱度、溶解氧、化学需氧量等。一旦发现水质异常,可及时采取措施进行处理,防止水质恶化。同时,加强对水资源的保护,减少污染源的排放,确保水资源的质量符合使用标准。这对于维护生态系统的健康、保障人类的饮用水安全具有重要意义。

1.1.1.3　信息化技术在水资源管理与调配中的应用

随着信息化技术的快速发展,其在水利工程领域的应用日益广泛。地理信息系统(GIS)、数据挖掘、智能建模等先进技术的引入,为水资源管理与调配带来了全新的变革。

GIS 技术能够融合、分析和呈现地理空间信息,为水资源管理提供直观的空间数据支持。它可以将地形、地貌、河流、水库等地理信息与水资源的分布、利用情况相结合,生成详细的水资源空间分布图。通过这些地图,管理人员可以清晰地了解水资源的空间分布特征,为水资源的合理调配提供决策依据。例如,在规划跨流域调水工程时,利用 GIS 技术可以分析水源地和受水区的地理位置、地形条件、水资源量等因素,确定最佳的调水路线和方案。同时,GIS 技术还可以实时监测水资源的动态变化,如水位、流量等,及时发现水资源管理中存在的问题,并采取相应的措施进行处理。

数据挖掘技术可以从海量数据中挖掘出隐藏的水资源利用规律,为决策提供支持。在水资源管理与调配过程中,会产生大量的数据,如用水户的用水量、用水时间、水质监测数据等。通过数据挖掘技术,可以对这些数据进行深入分析,从而发现用水户的用水习惯、用水需求的变化趋势等。例如,通过分析城市居民的用水数据,可以发现不同季节、不同时间段的用水高峰和低谷,从而合理调整供水计划,提高供水效率。对于工业企业来说,数据挖掘技术可以帮助企业分析自身的用水情况,找出节水潜力,制订节水措施,降低生产成本。

智能建模技术可以构建水资源管理模型,实现对水资源的优化配置和动态调度。通过建立数学模型,模拟水资源的供需关系、水流运动规律等,预测不同情景下的水资源状况。例如,在洪水预报方面,利用智能建模技术可以建立洪水演进模型,根据降雨情况、地形条件等因素,预测洪水的发生时间、洪峰流量和淹没范围,为防洪减灾提供科学依据。在水资源调配方面,智能建模技术可以根据不同地区的用水需求、水资源量等因素,制订最优的调配方案,实现水资源的合理利用。同时,智能建模技术还可以实时监测水资源的调配效果,根据实际情况及时调整调配方案,确保水资源管理与调配的科学性和有效性。

信息化技术的应用不仅提高了水资源管理与调配的效率和精度,还为水资源的可持续利用提供了有力保障。通过精准监测、模拟预测和优化调度,可以实现对水资源的精细化管理,减少水资源的浪费,提高水资源的利用效率。同时,信息化技术还可以促进水资源管理的信息化、智能化发展,提升水利工程的管理水平和服务能力。

1.1.2 防洪减灾

1.1.2.1 洪涝灾害的严重性与频发性

洪涝灾害作为全球范围内最为常见的自然灾害之一,其严重性体现在多个层面,对人们的生命财产安全构成了巨大威胁。从人员伤亡角度看,当洪涝灾害发生时,短时间内大量的降水使得河流泛滥、城市内涝,人们来不及躲避,极易造成人员伤亡。例如,在一些地势低洼的地区,洪水迅速淹没房屋,居民被困其中,生命受到严重威胁。而且,洪涝灾害还会引发一系列的次生灾害,如泥石流、山体滑坡等,进一步增加了人员伤亡的风险。在财产损失方面,洪涝灾害对农业、工业和基础设施都会造成严重的破坏。在农业方面,洪水会淹没农田、冲毁农作物,导致粮食减产甚至绝收。对于以农业为主要经济支柱的地区来说,这无疑是一场巨大的灾难,会影响当地居民的生计和经济发展。在工业方面,洪水可能会淹没工厂,损坏生产设备,导致生产中断,造成巨大的经济损失。同时,洪水还会破坏交通、通信、电力等基础设施,使城市的正常运行陷入瘫痪。道路被淹没,交通受阻,物资运输困难;通信线路中断,信息传递不畅;电力设施损坏,导致大面积停电,给居民的生活带来极大的不便。

随着气候变化的加剧,全球气候模式发生了显著改变,极端天气事件频繁发生,洪涝灾害的发生频率和强度不断增加。气温升高导致冰川融化加速,海平面上升,增加了沿海地区的洪涝风险。同时,大气环流的变化使得降水的分布更加不均匀,一些地区容易出现暴雨和洪涝灾害。此外,城市化进程的加快也是导致洪涝灾害频发的重要因素之一。城市的大规模建设改变了地表的自然状态,大量的水泥、沥青等硬质地面取代了原有的植被和土壤,使得雨水的下渗能力减弱，地表径流增加。城市排水系统的建设往往跟不上城市发展的速度，在暴雨来临时，排水不畅，容易引发城市内涝。这些因素相互交织，使得洪涝灾害对社会的稳定和发展构成了严峻挑战，影响了经济的可持续发展和社会的和谐稳定。

1.1.2.2　水利工程在防洪减灾中的作用

水利工程是防洪减灾的重要手段之一，通过修建堤防、水库、滞洪区等水利工程设施，可以有效地拦蓄洪水、调节径流、减轻下游地区的洪涝灾害。

堤防作为防洪的第一道防线，其作用至关重要。堤防沿着河流、湖泊等水域修建，能够阻挡洪水的泛滥，保护周边地区的安全。在洪水来临时，堤防可以承受洪水的压力，防止洪水漫溢到周边地区。例如，长江中下游地区的堤防工程，经过多年的建设和加固，在抵御洪水方面发挥了巨大的作用。它保护了长江中下游广大地区的农田、城市和人民生命财产的安全，使得这一地区能够在相对稳定的环境中进行经济建设和社会发展。

水库是水利工程中防洪减灾的重要调节工程。水库可以在洪水来临时蓄水，削减洪峰流量。当暴雨形成洪水时，水库通过拦蓄洪水，将部分洪水暂时储存起来，降低下游地区的洪水位。例如，三峡水库在防洪方面发挥了巨大的效益。它可以根据长江上游的来水情况，合理调节水库的水位，在洪水期间拦蓄大量的洪水，减轻下游地区的防洪压力。同时，三峡水库还可以在枯水期放水，补充下游河道的流量，维持河流的生态平衡。

滞洪区也是防洪体系中的重要组成部分。滞洪区是在洪水超过一定标准时，用于临时蓄滞洪水的低洼地区。当洪水流量过大，堤防和水库无法完全承受时，有计划地启用滞洪区，将部分洪水引入滞洪区，削减洪峰，保护下游重要地区的安全。滞洪区在防洪减灾中起到了缓冲和调节的作用，虽然会对滞洪区内的居民和生产生活造成一定的影响，但从整体防洪效益来看，其作用是不可忽视的。通过合理规划和建设水利工程设施，形成一个完整的防洪体系，能够有效地减轻洪涝灾害对下游地区的影响，保护人民生命财产的安全。

1.1.2.3　信息化技术在防洪减灾中的应用

信息化技术在防洪减灾中的应用日益广泛，极大地提高了防洪减灾的效率和准确性。通过引入遥感技术、卫星通信技术、大数据分析等先进技术，可以实现对雨情、水情、工情的实时监测和预警。

遥感技术可以通过卫星和无人机等设备获取洪涝灾害现场的实时图像和数据。卫星遥感具有覆盖范围广、获取信息快的优点，能够实时监测大范围的洪涝灾害情况。它可以获取洪水的淹没范围、水位变化等信息，为决策部门提供直观的灾害现场资料。无人机则具有灵活性高、分辨率高的特点,可以在局部地区进行详细的监测。例如,在洪水发生后,无人机可以深入到受灾地区,获取受灾房屋、道路等基础设施的损坏情况,为救援和抢险工作提供准确的信息。通过对遥感数据的分析,还可以及时发现潜在的洪涝灾害隐患,如河道的淤积情况、堤防的破损部位等,为防洪减灾工作提供科学依据。

卫星通信技术可以实现远程数据传输和指挥调度。在防洪减灾工作中,及时准确的信息传递至关重要。卫星通信技术不受地理条件的限制,能够在偏远地区和灾害现场实现信息的快速传输。例如,在洪水发生时,现场的监测人员可以通过卫星通信设备将实时的灾情信息传输到指挥中心,指挥中心可以根据这些信息及时做出决策,指挥救援力量进行抢险救灾。同时,卫星通信技术还可以实现不同部门之间的信息共享和协同工作,提高防洪减灾工作的效率和协调性。

大数据分析技术可以对历史洪涝灾害数据进行挖掘和分析,为未来的防洪减灾提供科学依据。通过对大量的历史洪涝灾害数据进行分析,可以找出洪涝灾害的发生规律、影响因素等。例如,分析不同年份的降水情况、地形条件与洪涝灾害的关系,预测未来可能发生洪涝灾害的地区和强度。同时,大数据分析还可以对防洪工程的效果进行评估,为防洪工程的规划、设计和建设提供参考。通过不断优化防洪减灾方案,提高防洪减灾的能力,减少洪涝灾害造成的损失。信息化技术的应用使得防洪减灾工作更加科学化、精准化,为保障人民生命财产安全和社会稳定发挥了重要作用。

1.2 水利工程的发展趋势

1.2.1 智能化与信息化

1.2.1.1 信息技术在水利工程中的深入应用

随着信息技术的飞速发展,其在水利工程中的应用日益广泛且深入。信息技术在水利工程的策划、施工、运作及保养等环节中发挥着越来越重要的作用,极大地推动了水利工程向智能化、现代化方向发展。

在数据采集与监控方面,远程感知技术、无人机技术、传感器网络等先进手段的应用,实现了对水利工程实时、全面的数据采集与监控。远程感知技术借助卫星和飞行器等设备,能够获取建设区域的高清图像,实现对工程现场的无死角监测。例如,在大型水利枢纽的建设过程中,通过卫星遥感技术可以定期获取工程周边的地形地貌变化、植被覆盖情况等信息，及时发现潜在的地质灾害隐患，为工程的安全施工提供保障。无人机技术则具有灵活机动的特点，可以对工程的关键部位进行近距离、高精度的拍摄和监测，获取更详细的数据。传感器网络在水利工程中发挥着至关重要的作用，它能够持续跟踪水利工程的各种动态数据，如水位、流量、压力等。这些传感器可以安装在水库、水闸、管道等关键部位，实时采集数据并传输到监控中心。监控中心通过对这些数据的分析，可以及时了解水利工程的运行状态，如发现异常情况，及时采取措施进行处理。例如，当水位超过警戒线时，系统会自动发出警报，提醒管理人员采取相应的防洪措施。

智能化决策支持是信息技术在水利工程中的又一重要应用。借助地理信息系统（GIS）、数据挖掘、智能建模等技术，对采集到的数据进行深度分析，为水利工程的规划、设计、施工及运营提供科学的决策支持。GIS 技术具有强大的空间分析功能，能够强化水资源数量和质量评判的准确性。通过将地理信息与水资源数据相结合，GIS 可以直观地展示水资源的分布、利用情况，为水资源的合理调配提供依据。例如，在城市供水规划中，利用 GIS 技术可以分析城市不同区域的人口密度、用水需求等因素，合理规划供水管道的布局，提高供水效率。数据挖掘技术能够从海量数据中探查隐蔽的规律、相关性及动向，为水资源管理提供科学依据。通过对历史用水数据、气象数据等的挖掘，可以预测未来的用水需求和水资源变化趋势，提前制订应对措施。智能建模技术则可以构建水利工程的数学模型，模拟不同工况下的运行情况，为工程的设计和优化提供参考。例如，在水库调度中，通过建立水库的水文模型，模拟不同来水情况下的水库水位变化、发电效益等，制定出最优的调度方案。

数字化施工与管理也是信息技术在水利工程中的重要应用之一。信息化施工管理系统通过整合项目规划、时间进度、资金消耗、劳动力配置等多方面的数据，构建出一个全面的项目管理信息集，提高了项目管理的效率和水平。在项目规划阶段，系统可以根据工程的特点和要求，制定合理的施工计划和资源分配方案。在施工过程中，系统可以实时监控项目的进度、质量和安全情况，及时发现问题并进行调整。例如，通过对施工进度的监控，可以及时发现工期延误的原因，并采取相应的措施进行补救。数字化技术还能够优化资源配置，降低人工开销，提高工程建设的精度和质量。例如，利用 BIM（建筑信息模型）技术可以对水利工程进行三维建模，提前发现设计中的问题和冲突，避免施工过程中的变更和返工，从而降低成本，提高工程质量。

1.2.1.2 数字孪生水利工程的建设

数字孪生水利工程是数字孪生流域建设的重要组成部分，也是水利工程智能化的重要体现。数字孪生水利工程以物理水利工程为单元，通过整合时空数据、数学模型、水利知识等，对物理水利工程进行数字映射、智能模拟、前瞻预演，实现与物理水利工程的同步仿真运行、虚实交互、迭代优化。

数字孪生水利工程的建设涵盖了数据底板、模型库、知识库、孪生引擎等多个方面。数据底板是数字孪生水利工程的基础，它整合了水利工程的各种数据，包括地理信息、工程结构数据、运行监测数据等。通过对这些数据的处理和分析，可以构建出物理水利工程的数字模型。模型库则包含了各种水利专业的数学模型，如水文模型、水力学模型、水质模型等。这些模型可以对水利工程的各种物理过程进行模拟和预测，为工程的安全分析和调度提供支持。知识库则存储了大量的水利专业知识和经验，如工程设计规范、运行管理规则等。通过知识库的应用，可以提高数字孪生水利工程的智能化水平。孪生引擎是数字孪生水利工程的核心，它实现了物理水利工程与数字模型之间的同步仿真运行和虚实交互。通过孪生引擎，可以实时将物理水利工程的运行状态映射到数字模型中，同时对数字模型进行模拟和预测，将结果反馈给物理水利工程，实现迭代优化。

数字孪生水利工程为水利工程的安全分析预警、防洪兴利智能调度等提供了有力支持。在安全分析预警方面，数字孪生水利工程可以实时监测水利工程的运行状态，通过对各种数据的分析和模拟，提前发现潜在的安全隐患，并发出预警信号。例如，通过对水库大坝的应力、变形等数据的监测和分析，可以及时发现大坝的安全问题，并采取相应的措施进行处理。在防洪兴利智能调度方面，数字孪生水利工程可以根据实时的气象、水文等信息，对水库、水闸等水利设施进行智能调度，实现防洪和兴利的最优平衡。例如，在洪水来临前，通过数字孪生模型模拟不同调度方案下的洪水演进过程，选择最优的调度方案，最大限度地减少洪水灾害的损失。同时，在枯水期，通过合理调度水资源，保障农业灌溉、城市供水等用水需求。数字孪生水利工程的建设将推动水利工程向更加智能化、精细化的方向发展，提高水利工程的管理水平和运行效率。

1.2.2 生态水利

1.2.2.1 生态水利的理念

生态水利是一种注重水利工程与生态环境和谐共生的水利发展模式。它突破了传统水利工程单纯以经济效益和工程安全为导向的局限，强调在水利工程建设和运营的全过程中，充分考虑生态环境因素，将生态环境保护与水利工程的功能有机结合，以减少对生态环境的负面影响，实现水利工程与生态环境的协调发展。

从水资源管理的角度来看，生态水利追求的是资源的优化配置。这意味着不仅要考虑水资源的经济利用价值，满足农业、工业和城市生活等方面的用水需求，增进水利工程项目的安全性和经济效益，还要关注水资源的生态价值。水资源是生态系统的重要组成部分，维持着生态系统的平衡和稳定。生态水利要求在水资源分配和利用过程中，确保河流、湖泊等水域的生态需水得到满足，使水资源能够遭受持续使用，这里的“遭受持续使用”应准确表述为“实现可持续利用”。例如，在河流上修建水利工程时，不能仅仅考虑发电、灌溉等经济效益，还需要考虑河流生态系统的完整性、保障鱼类等水生生物的洄游通道、维持河流的生物多样性。这体现了生态水利的核心理念，即在经济发展和生态保护之间寻求平衡，实现人与自然的和谐共生。

生态水利理念还强调生态系统的整体性和系统性。水利工程往往会对上下游、左右岸的生态环境产生影响，因此在规划和建设水利工程时，需要从流域的整体角度出发，综合考虑各种生态因素。例如，一个水库的建设可能会改变下游河道的流量和水质，影响下游湿地的生态功能。生态水利要求在规划和建设水库时，充分考虑这些影响，并采取相应的措施进行补偿和修复，以维护整个流域生态系统的健康。同时，生态水利也注重生态系统的动态变化，认识到生态环境是一个不断演化的系统，水利工程的建设和运营需要根据生态系统的变化进行调整和优化。

1.2.2.2　生态水利的实践

环境影响评估是生态水利实践的重要环节。在水利工程建设前，进行充分的环境影响评估是必不可少的步骤。这一评估过程需要综合考虑工程对生态环境的各个方面可能产生的影响，包括水质、水生生物、湿地生态系统、陆生生物栖息地等。例如，对于大型水电站的建设，需要评估其对河流生态系统的影响，如是否会导致鱼类种群数量减少、是否会影响河流的自净能力等。同时，还需要分析工程对周边陆生生态系统的影响，如是否会破坏野生动物的栖息地、是否会影响植被的生长等。

在评估的基础上，提出相应的减缓措施是关键。这些措施包括调整工程设计方案，减少对生态环境的破坏；采取生态修复措施，如建设人工湿地、鱼类增殖站等，以补偿工程建设对生态环境造成的损失。例如，在一些河流治理工程中,为了减少对河岸生态系统的破坏,可以采用生态护坡技术,利用植物根系固定河岸土壤,同时为水生生物提供栖息地。通过环境影响评估和减缓措施的实施,可以在一定程度上降低水利工程对生态环境的负面影响,实现工程建设与生态保护的协调发展。

生态工程措施在水利工程建设中发挥着重要作用。生态护坡和生态堤防是常见的生态工程措施。生态护坡采用植物或植物与工程材料相结合的方式,对河岸或坡面进行防护。与传统的混凝土护坡相比,生态护坡具有良好的透水性和生态性,能够为水生生物提供栖息和繁殖的场所,同时也有利于河岸植被的生长,增强河岸的稳定性。例如,在一些城市河道治理中,采用生态护坡技术后,河岸的生态环境得到了明显改善,吸引了多种鸟类和水生生物栖息。

生态堤防是在满足防洪要求的前提下,充分考虑生态功能的堤防建设方式。生态堤防可以采用缓坡设计,种植植被,形成生态缓冲带,减少洪水对周边生态环境的冲击。同时,生态堤防还可以为野生动物提供迁徙通道和栖息地,促进生态系统的连通性和完整性。例如,在荷兰的一些沿海地区,建设了生态堤防,不仅有效地抵御了海潮的侵袭,还为当地的鸟类和植物提供了适宜的生存环境。

生态调度是水利工程运营过程中的重要环节。在水利工程运营过程中,实施生态调度是保障河流生态系统健康稳定的关键。生态调度需要考虑生态需水要求,根据河流生态系统的特点和需求,合理调节水库的蓄水和放水过程。例如,在鱼类的繁殖季节,适当增加下游河道的流量,为鱼类提供适宜的繁殖环境;在枯水期,保证河流有一定的生态基流,维持河流生态系统的基本功能。通过生态调度,可以改善河流的水文条件,促进水生生物的生长和繁殖,保护河流生态系统的生物多样性。

生态监测与评估是生态水利实践的重要保障。建立水利工程生态监测与评估体系,对水利工程建设和运营过程中的生态环境影响进行持续监测和评估是必要的。通过监测,可以及时了解水利工程对生态环境的影响程度和范围,发现潜在的环境问题。例如,监测河流的水质变化、水生生物种群数量的变化等。评估则可以对水利工程的生态效果进行综合评价,为工程的改进和优化提供依据。如果发现水利工程对生态环境产生了不利影响,可以及时采取措施进行改进,如调整工程运行方案、加强生态修复等。通过生态监测与评估,可以确保生态水利实践的有效性和可持续性,实现水利工程与生态环境的长期协调发展。

1.2.3　可持续发展

1.2.3.1　可持续发展的概念

可持续发展是指满足当代人的需求而不损害后代人满足其需求的能力。这一概念的提出,旨在解决人类社会发展过程中面临的经济、社会与生态环境之间的矛盾,强调经济、社会和环境的协调发展。在水利工程领域,可持续发展具有更为具体和深刻的内涵。它要求水利工程建设和运营不仅要满足当前经济社会发展的需要,为农业灌溉、工业生产、城市供水等提供可靠的水资源保障,促进经济的增长和社会的稳定,还要充分考虑对生态环境的影响。

水利工程的建设和运营往往会对河流、湖泊等水域的生态系统产生直接或间接的影响,如改变水流状态、影响水质、破坏水生生物栖息地等。因此,可持续发展要求水利工程建设在规划和设计阶段就充分考虑生态因素,采用生态友好的工程技术和方案,减少对生态环境的破坏。同时,在运营过程中,要合理调配水资源,保障河流生态系统的生态需水,确保水资源的可持续利用。例如,一些大型水库的建设,不能仅仅追求发电、灌溉等经济效益,还需要考虑对下游生态环境的影响,通过科学的调度方案,维持下游河道的生态流量,保护水生生物的生存环境,实现水利工程与生态环境的和谐共生,为后代人留下良好的水资源和生态环境基础。

1.2.3.2　可持续发展的实践

(1)水资源优化配置。是通过科学的水资源管理和调度,实现水资源的优化配置和高效利用,满足经济社会发展和生态环境保护的需求。水资源作为一种有限的自然资源,其时空分布不均,不同地区、不同行业对水资源的需求也存在差异。因此,通过水资源优化配置,可以提高水资源的利用效率,缓解水资源供需矛盾。在水资源优化配置过程中,需要综合考虑各种因素,如水资源的数量、质量、时空分布,经济社会发展的需求,生态环境的需求等。可以采用先进的水资源管理系统和模型,对不同地区、不同行业的水资源需求进行预测和分析,制定出科学合理的水资源分配方案。例如,在城市供水方面,可以通过建设城市供水网络,实现水资源的统一调配,提高城市供水的可靠性和安全性。同时,在农业灌溉方面,可以推广节水灌溉技术,根据农作物的需水情况,精准灌溉,提高水资源的利用效率。此外,还可以通过跨流域调水工程,将水资源丰富地区的水调配到水资源短缺地区,实现水资源的空间优化配置。通过水资源优化配置,可以在满足经济社会发展的同时,保障河流、湖泊等水域的生态需水,维护生态系统的平衡和稳定。

(2)节水型社会建设。推广节水技术和管理措施,提高水资源利用效率,建设节水型社会是水利工程可持续发展的重要实践之一。随着经济社会的发展和人口的增长,水资源的需求不断增加,而水资源的供应却面临着诸多挑战。因此,建设节水型社会是解决水资源短缺问题的有效途径。在农业领域,可以推广滴灌、喷灌等节水灌溉技术,减少水资源的浪费。这些节水灌溉技术可以根据农作物的生长需求,精准地提供水分,提高灌溉水的利用效率。同时,还可以加强农业用水管理,制定合理的灌溉制度,避免过度灌溉。在工业领域,可以鼓励企业采用节水工艺和设备,提高工业用水的重复利用率。例如,一些大型化工企业通过建立水循环系统,将生产过程中的废水进行处理后重新利用,大大降低了工业用水量。在城市生活领域,可以加强节水宣传教育,提高居民的节水意识,推广使用节水器具,如节水马桶、节水水龙头等。此外,还可以通过制定水价政策,实行阶梯水价,鼓励居民节约用水。通过建设节水型社会,可以减少水资源的浪费,提高水资源的利用效率,为水利工程的可持续发展提供有力支撑。

(3)水生态修复与保护。加强对受损水生态系统的修复和保护工作,恢复和提升水生态系统的自我修复能力是实现水利工程可持续发展的重要环节。由于人类活动的影响,许多水生态系统遭到了不同程度的破坏,如河流污染、湿地退化、水生生物减少等。这些问题不仅影响了水资源的可持续利用,也对生态环境造成了严重的威胁。水生态修复与保护工作可以从多个方面入手。首先,要加强水污染防治,严格控制工业废水、生活污水等污染物的排放,加强对入河排污口的监管。通过建设污水处理厂、推广清洁生产技术等措施,减少污染物的产生和排放,改善水质。其次,要开展河流、湖泊等水域的生态修复工程,如湿地恢复、河道整治等。湿地具有净化水质、调节洪水、保护生物多样性等多种生态功能,通过恢复湿地生态系统,可以提高水域的生态环境质量。河道整治可以改善河流的水流条件,增加水生生物的栖息地,促进河流生态系统的恢复。此外,还可以加强对水生生物的保护,建立自然保护区,禁止非法捕捞和破坏水生生物栖息地的行为,保护水生生物的多样性。通过水生态修复与保护工作,可以恢复和提升水生态系统的自我修复能力,实现水资源的可持续利用和生态环境的改善。

(4)政策法规支持。制定和完善相关法律法规和政策措施,为水利工程的可持续发展提供有力保障。政策法规在水利工程的可持续发展中起着引导和规范的作用。政府可以通过制定法律法规,明确水利工程建设和运营过程中的环境保护要求,加强对水利工程建设与运营过程中的环境监管和执法力度。例如,制定严格的水资源保护法规,规定水资源的开发利用上限,防止过度开发水资源。加强对水利工程建设项目的环境影响评价制度,要求建设单位在项目建设前进行充分的环境影响评价,并提出相应的环境保护措施。在执法方面,加大对违法排污、破坏水利设施等行为的处罚力度,提高违法成本。同时,政府还可以出台相关的政策措施,鼓励和支持水利工程的可持续发展。例如,对采用节水技术、开展水生态修复等项目的企业和单位给予财政补贴和税收优惠,引导社会资本参与水利工程的可持续发展建设。通过政策法规的支持,可以营造良好的发展环境,促进水利工程的可持续发展。

第 2 章　水利工程智能监测系统

智能监测系统的应用为水利工程的安全运行和高效管理提供了有力支持。本章将详细介绍智能监测系统的定义、组成、功能及优势,通过对水位监测、流量监测和结构安全监测等关键技术的阐述,展示智能监测系统在水利工程中的广泛应用和显著成效,为后续探讨自动化控制技术奠定基础。

2.1　智能监测系统的定义与组成

2.1.1　智能监测系统的定义

智能监测系统是一种集成了现代信息技术、传感器技术、无线通信技术和数据处理算法等先进手段,能够实时、准确、高效地获取、传输、处理和分析监测对象的状态信息,并通过预警、报警等方式及时通知相关人员,以便采取相应的措施进行干预或管理的系统。

在水利工程领域,智能监测系统被广泛应用于水资源的评估,水利工程的规划、建设、运营和维护等各个环节,以提高水利工程的管理效率、安全性和可持续性。具体而言,智能监测系统通过安装在水利工程中的各类传感器,如水位传感器、流量传感器、水质传感器、位移传感器等,实时监测水利工程的各种状态参数。这些传感器采集到的数据通过无线通信网络传输到数据中心或云端服务器进行处理和分析。数据中心利用先进的数据处理算法对海量数据进行挖掘和分析,提取出有价值的信息,如工程的安全状态、运行效率、潜在风险等,并通过可视化界面展示给管理人员。一旦系统检测到异常情况或潜在风险,就会立即触发预警或报警机制,提醒管理人员及时采取措施进行处理。

以白蚁智能监测系统为例,它是一种专门用于监测和防治水利工程中白蚁危害的智能系统。通过安装在水利堤坝等易出现白蚁的区域的传感器感知白蚁的活动情况,并实时将数据传输到监测平台进行分析和处理。一旦监测到白蚁活动迹象,系统会立即发出预警,提醒管理人员及时采取灭蚁措施,从而有效防止白蚁对水利工程的危害。

2.1.2　智能监测系统的组成

智能监测系统作为水利工程安全运行的“神经中枢”，其组成复杂且精密，各组件协同工作，实现对水利工程的全方位、实时监测。

2.1.2.1　传感器网络

传感器网络作为智能监测系统的基石，扮演着至关重要的角色，它不仅是水利工程状态的实时感知器，还是数据驱动决策的信息源泉。这一网络系统由密布于水利工程各个关键监测点的传感器构成，这些传感器如同工程的“神经元”，持续不断地收集着关乎工程安全与效率的各类物理量信息。

（1）水位传感器。作为监测水体状态的重要工具，其种类繁多，工作原理各异，共同确保水位数据的准确获取。浮子式水位传感器，凭借其简单可靠的机械或磁性传动机制，能够直观反映水位升降，尤其适用于水位变化范围大且环境相对简单的场景。压力式水位传感器，利用液体静压力的基本物理原理，通过高精度的压力感应元件，将水位高度转化为可测量的电信号，适用于深水区域及需要高精度测量的场合。超声波水位传感器，是现代科技与传统测量需求的完美结合，它利用超声波在空气中或水中的传播特性，通过计算发射与接收的时间差来精确测定水位，尤其适用于不易接触或难以安装传统传感器的水域。

（2）流量传感器。在水利工程中同样占据核心地位，它们直接关系到水资源的有效管理和工程效益的评估。电磁流量计，基于法拉第电磁感应定律，对导电液体的流量进行非接触式测量，具有测量范围广、精度高的特点，特别适用于含有一定电导率的水流监测。涡街流量计，利用流体流经特定形状柱体时产生的漩涡频率与流速成正比的原理，实现了对流体流量的精确计量，尤其适用于流体流速变化较大的管道系统。而超声波流量计，则通过测量超声波在顺流和逆流方向上的传播时间差异，计算出流体流速，进而得到流量。该方法是非侵入性的，且安装便捷，适用于大口径管道及不易中断流体的场合。

（3）压力传感器。在保障水利工程设施安全运行方面发挥着不可替代的作用。它们被精心布置在管道、闸门、泵站等关键部位，实时监测内部压力变化，一旦压力超出设计范围，即可触发预警机制，有效预防因超压导致的设备损坏或安全事故。这些传感器通常采用高灵敏度的压力感应元件，能够准确捕捉微小的压力波动，确保工程设施始终处于安全可控的状态。

（4）温度传感器。为水利工程的热力学分析、设备选型及运行策略提供了科学依据。无论是水库水温的监测，还是泵站、机房环境温度的控制，温度传感器都扮演着至关重要的角色。它们通过精确测量环境温度,帮助工程师了解温度变化对材料性能、设备运行效率的影响,从而制定出更加科学合理的维护计划和运行策略,提高工程整体效能和安全性。

(5)位移传感器和应变传感器。作为监测水利工程结构健康的关键技术,能够实时捕捉大坝、堤防、水闸等重要结构物的微小变形和应力变化。这些高精度的传感器,通过连续监测,能够及时发现结构异常,如裂缝扩展、沉降不均等问题,为工程的安全评估、维护加固提供宝贵数据支持。特别是在极端天气或地质条件下,这些传感器的预警功能显得尤为重要,能够有效避免灾难性事故的发生,保护人民生命财产安全。

传感器网络的高效运作,离不开可靠的通信技术支持。无论是无线通信还是有线通信,都承担着将传感器采集到的宝贵数据安全、准确地传输至监测中心或云平台的重任。无线通信方式,如 LoRa、Zigbee 等低功耗广域网技术,因其部署灵活、覆盖范围广等优势,在偏远或难以布线的区域得到广泛应用。而有线通信,如光纤传输,则以其大带宽、低延迟、抗干扰能力强等特点,在需要大量数据传输或对数据实时性要求极高的场合发挥着不可替代的作用。通过这些通信手段,传感器网络构建起了一条连接物理世界与数字世界的桥梁,使得数据的实时处理、深度分析成为可能,为水利工程的智能化管理、科学决策提供了坚实的技术支撑。

2.1.2.2 数据传输系统

数据传输系统是智能监测系统的"神经传导系统",它承担着将传感器采集到的各类数据高效、准确地传输至监测中心或云平台的重要任务。这一系统的性能和稳定性,直接关系到监测数据的实时性和准确性,进而影响整个水利工程的智能化管理水平和决策效率。

(1)无线通信方式。是数据传输系统中不可或缺的一部分,它以其灵活、便捷的特点,在水利工程监测中发挥着重要作用。LoRa 技术作为一种低功耗广域网技术,具有传输距离远、功耗低、抗干扰能力强等显著优点。在偏远地区或复杂地形的水利工程监测中,LoRa 技术能够穿透障碍物,实现远距离的数据传输,同时保持较低的能耗,确保监测设备的长期稳定运行。ZigBee 技术则以其自组织、低功耗、低速率的特点,适用于小型水利工程或设备间的短距离通信。ZigBee 网络能够自动组建和维护,无须人工干预,且设备间的通信功耗极低,适用于对能耗要求严格的监测场景。而 4G/5G 技术,作为当前移动通信领域的先进技术,具有高速率、大带宽、低延迟等优点。在需要实时传输大量数据的水利工程监测中,4G/5G 技术能够提供稳定、高效的数据传输通道,确保监测数据的实时性和准确性。

(2)有线通信方式。作为数据传输系统的另一种重要选择,也发挥着不可替代的作用。光纤通信以其传输容量大、抗干扰能力强、损耗低等优点,在长距离、大数据量的水利工程监测中展现出显著优势。光纤通信能够支持高速率的数据传输,且不受电磁干扰影响,传输质量稳定可靠。同时,光纤的损耗极低,能够确保数据在长距离传输过程中的完整性和准确性。电缆通信则以其成本低、施工方便等优点,在短距离或小规模的水利工程监测中得到广泛应用。电缆通信无须复杂的网络组建和维护过程,施工简便快捷,且成本相对较低,适用于对成本敏感或规模较小的监测项目。

在数据传输系统的设计和实施过程中,网络的安全性和稳定性是必须考虑的重要因素。为了确保监测数据在传输过程中的安全性和稳定性,数据传输系统应采用先进的加密技术,对传输的数据进行加密处理,防止数据被非法截取或篡改。同时,建立严格的认证机制,确保只有经过授权的设备才能接入网络,防止未经授权的设备接入网络并干扰数据的正常传输。此外,还应部署防火墙等安全设备,对网络进行实时监控和防护,及时发现并阻止网络攻击行为。

2.1.2.3　数据处理与分析中心

数据处理与分析中心,堪称智能监测系统的“大脑”,其核心职能在于对传输至中心的监测数据进行全面、高效地处理、分析与存储。这一中心不仅承载着海量数据的实时管理任务,还需通过运用尖端的数据处理算法与模型,深入挖掘数据背后隐藏的有价值信息,为水利工程的管理和决策提供坚实的科学依据。

(1)在数据存储方面,数据处理与分析中心采用高性能的数据库管理系统,以应对监测数据持续、大量涌入的挑战。这一数据库管理系统需具备高并发处理能力,确保在多个用户或设备同时访问时,系统仍能保持稳定运行;同时,它还应具备高可用性和可扩展性,以适应未来数据量的增长和变化。为了防止数据丢失或损坏,中心还建立了完善的数据备份和恢复机制,确保数据的完整性和安全性。无论是定期备份、增量备份还是全量备份,都能为数据的长期保存提供有力保障。

(2)数据处理是数据处理与分析中心的另一项核心任务。原始监测数据在传输过程中可能受到各种干扰,导致数据质量下降。因此,中心首先对采集到的原始数据进行清洗、去噪、校准等预处理操作,以提高数据的准确性和可靠性。随后,利用数据挖掘、机器学习等先进技术,对处理后的数据进行深入分析。这些技术能够自动发现数据中的隐藏模式、关联规则和异常点,为水利工程的管理和决策提供有力支持。例如,通过对历史水位、流量等数据的挖掘分析,可以建立洪水预报模型,预测未来可能发生的洪水事件;通过对大坝变形、应力等数据的机器学习分析,可以评估大坝的安全性和稳定性,为大坝的维护和管理提供科学依据。

(3)数据分析结果的展示也是数据处理与分析中心的重要功能之一。中心将分析得到的结果以图表、报告等形式直观展示给用户,使用户能够方便地查看监测数据的实时变化、历史趋势、预警信息等。这些可视化界面不仅提供了丰富的交互功能,还允许用户根据需求自定义展示内容和方式。同时,中心还提供数据下载和导出功能,方便用户将分析结果导出至本地进行进一步的分析和处理。这一功能不仅满足了用户对数据的个性化需求,还促进了数据在不同系统之间的共享和交互。

2.1.2.4 预警与报警系统

预警与报警系统,作为智能监测系统的"安全卫士",其职责在于在监测数据超出正常范围或出现异常情况时,及时向用户发出预警或报警信息。这一系统不仅提高了水利工程的安全管理水平,还为用户提供了快速响应和有效处置的宝贵时间。

(1)预警机制是预警与报警系统的核心组成部分。系统根据监测数据的实时变化和历史趋势,建立预警模型。这些模型通常基于统计学原理、机器学习算法或专家经验,能够准确预测监测数据的变化趋势和可能出现的异常情况。当监测数据接近或超出预设的阈值时,系统自动触发预警机制,向用户发送预警信息。预警信息可以通过多种形式传递,如短信、邮件、App 推送等,确保用户能够及时收到并采取相应的措施。这一机制不仅提高了用户对水利工程安全状况的实时感知能力,还为用户提供了足够的准备时间来应对可能出现的异常情况。

(2)报警机制是预警与报警系统在监测数据出现严重异常或危及水利工程安全时的应急响应手段。当系统检测到监测数据超出安全范围或出现异常波动时,会自动触发报警机制。报警信息通常以声音、灯光等形式发出,以引起用户的注意。同时,报警信息还会被记录到系统中,方便用户后续查询和分析。这一机制确保了用户在关键时刻能够迅速采取行动,最大限度地减少水利工程安全事故的发生和损失。

(3)应急响应是预警与报警系统和水利工程实际运行紧密结合的重要环节。一旦收到预警或报警信息,用户应立即启动应急预案,组织相关人员进行排查和处理。应急预案通常包括应急组织体系、应急处置程序、应急物资储备等内容，旨在确保在紧急情况下能够迅速、有效地应对和处置。通过快速响应和有效处置，用户可以最大限度地减少水利工程安全事故的影响和损失，保障水利工程的安全稳定运行。

2.1.2.5　用户交互界面

用户交互界面，作为智能监测系统的“窗口”，扮演着与用户进行交互和信息展示的关键角色。一个设计良好的用户交互界面，能够极大地提升用户体验，使用户能够轻松、高效地与系统进行互动。

（1）在界面设计方面，应遵循直观、易用的原则。界面布局应清晰合理，提供明确的导航菜单和操作按钮，使用户能够迅速找到所需功能并进行操作。同时，界面设计应注重美观性，采用符合用户审美偏好的色彩搭配和图标设计，增强用户的视觉体验。此外，界面应具备良好的响应速度和稳定性，确保用户在进行操作时不会出现延迟或卡顿现象，从而提升用户的使用满意度。为了实现这一目标，界面设计需充分考虑系统的性能和负载能力，采用优化的算法和技术手段，确保界面能够实时响应用户的操作请求。

（2）功能实现是用户交互界面的核心要素之一。一个优秀的用户交互界面应提供丰富的功能选项，以满足用户的不同需求。例如，用户应能够方便地查看实时监测数据，了解水利工程设施的当前状态；同时，用户还应能够查看历史数据，分析数据的变化趋势和规律，为决策提供依据。此外，界面还应展示预警信息和报警记录，使用户能够及时了解潜在的安全隐患并采取相应的措施。为了满足用户对数据管理和分析的需求，界面还应提供数据导出功能，使用户能够将数据报表和分析结果导出为常见的文件格式，如 Excel、PDF 等，以便进行进一步的处理和分享。这些功能应通过直观的操作界面和简单的操作步骤实现，降低用户的使用门槛，提高用户的工作效率。

（3）个性化定制功能是用户交互界面的另一大亮点。不同的用户可能具有不同的需求和偏好，因此界面应支持个性化定制功能，以满足用户的多样化需求。例如，用户可以根据自己的需求选择显示的数据类型和时间范围，定制符合自己关注点的数据展示方式。同时，用户还可以选择图表样式，如折线图、柱状图、饼图等，以更直观地展示数据。此外，用户还可以设置预警和报警的阈值，以及通知方式，如短信、邮件、App 推送等，确保自己能够及时接收到重要的预警和报警信息。通过个性化定制功能，用户可以更加灵活地使用智能监测系统，提高工作效率和满意度。

2.1.2.6　远程监控与控制系统

远程监控与控制系统，作为智能监测系统的“遥控器”，为用户提供了通过网络远程访问和控制水利工程设施的便捷途径。这一系统的出现,极大地提高了水利工程的管理效率和响应速度。

(1)远程监控功能是远程监控与控制系统的核心之一。用户可以通过网络远程访问监测中心或云平台,实时查看水利工程设施的监测数据、运行状态和预警信息等。这一功能使用户能够随时随地了解水利工程的安全状况,及时发现并处理潜在的安全隐患。例如,用户可以通过远程监控功能实时查看水位、流量、水质等监测数据,了解水利工程设施的运行状态;同时,用户还可以接收预警信息,如洪水预警、水质异常预警等,及时采取相应的应对措施。远程监控功能的实现,依赖于高效的数据传输网络和稳定的数据处理与分析中心,确保用户能够实时、准确地获取监测信息和预警信息。

(2)远程控制功能是远程监控与控制系统的另一大核心。对于一些关键的水利工程设施,如闸门、泵站等,用户可以通过远程控制系统进行远程操作。这一功能使用户能够根据实时监测数据和预警信息,及时调整水利工程设施的运行参数,确保其安全运行和高效利用。例如,用户可以根据实时水位数据远程调整闸门的开度,以控制水流速度和水量;同时,用户还可以根据实时需求远程调整泵站的运行频率,以优化水泵的工作效率和能耗。远程控制功能的实现,需要依赖可靠的通信网络和稳定的控制系统,确保用户的操作指令能够准确、及时地传达到水利工程设施,并实现精确的控制。

(3)远程维护功能是远程监控与控制系统的重要组成部分。通过这一功能,用户可以通过网络远程访问监测设备或控制系统的维护界面,进行软件升级、参数配置、故障诊断等操作。这一功能大大降低了维护成本和工作量,提高了设备的可靠性和稳定性。例如,用户可以通过远程维护功能对监测设备进行软件升级,以修复已知的漏洞或添加新的功能;同时,用户还可以对设备的参数进行远程配置,以适应不同的监测需求和环境条件。此外,用户还可以通过远程故障诊断功能对设备进行实时监测和诊断,及时发现并处理潜在的故障问题,确保设备的正常运行。远程维护功能的实现,需要依赖高效的远程通信技术和稳定的设备运行状态监测手段,确保用户能够方便、快捷地进行远程维护工作。

2.2 智能监测系统的功能

智能监测系统作为现代水利工程的重要组成部分,集成了多种先进技术,实现了对水利工程设施及水环境的全面、实时、精准地监测与管理。其功能涵盖了数据采集、实时监控、预警预报、数据分析与决策支持等多个方面，为水利工程的安全运行、优化调度及防灾减灾提供了强有力的技术支持。

2.2.1　数据采集功能

数据采集是智能监测系统的基础功能，主要通过传感器网络、遥感技术等手段，实现对水利工程设施及水环境各类参数的实时采集。传感器网络包括布置在水库、大坝、堤防、河道等关键部位的各类传感器，如水位传感器、流量传感器、水质传感器、气象传感器等，这些传感器能够实时采集水位、流量、水质、降雨、风速、风向等参数，并将数据传输至监测中心或云平台进行处理和分析。

遥感技术则利用卫星、无人机等遥感平台，获取大范围的水文、气象及地质信息。例如，卫星遥感技术可以获取流域内的降雨分布、洪水淹没范围、河道变迁等信息；无人机遥感技术则可以用于近地监测，获取高分辨率的河道影像、堤防破损情况等数据。这些数据的采集，为水利工程的安全评估、运行调度及灾害预警提供了丰富的数据源。

2.2.2　实时监控功能

实时监控是智能监测系统的核心功能之一，通过集成传感器技术、遥感技术、视频监控等多种手段，对水利工程设施及水环境的状态进行全方位、实时、精准地监测，确保工程设施的安全运行和及时响应各类异常情况。实时监控功能在保障水利工程安全、优化调度决策及防灾减灾等方面发挥着至关重要的作用。

(1)水利工程设施监控。是实时监控功能的重要组成部分，它主要针对水库大坝、堤防、水闸、泵站等关键工程设施的运行状态进行实时监测。通过布置在设施周边的各类传感器，如水位传感器、流量传感器、渗流传感器、变形传感器、裂缝传感器等，可以实时采集水位、流量、渗流压力、变形量、裂缝宽度等关键参数。这些传感器将采集到的数据传输至监测中心或云平台，经过处理和分析后，形成直观的监测数据和图表，供管理人员实时掌握工程设施的运行状态。例如，对于水库大坝，通过实时监测水位和渗流压力，可以及时发现大坝的渗流异常和变形情况。当监测数据显示水位超过警戒线或渗流压力异常增大时，系统可以自动触发预警机制，通知管理人员及时采取措施，如加强巡查、启动应急预案等，确保大坝的安全运行。同时，通过对长期监测数据的分析，还可以评估大坝的健康状况，为大坝的维修加固和改造提供科学依据。

(2)水环境监控。是实时监控功能的另一重要方面,它主要关注水质、水温、泥沙含量等水环境参数的实时监测。通过在水体中布置水质传感器、水温传感器等设备,可以实时采集水质指标(如溶解氧、pH 值、浊度、氨氮、总磷等)、水温及泥沙含量等数据。这些数据对于评估水体质量、保护水生态环境及保障供水安全具有重要意义。例如,在饮用水水源地,通过实时监测水质参数,可以及时发现水体污染事件,为水质治理和应急处理提供数据支持。当监测数据显示水质指标超标时,系统可以自动触发预警机制,通知相关部门及时采取措施,如加强污染源监管、启动应急供水方案等,确保饮用水安全。同时,通过对水质长期监测数据的分析,可以评估水体的污染趋势和生态健康状况,为水环境保护和治理提供科学依据。

(3)气象条件监控。是实时监控功能中不可或缺的一环,它主要关注降雨、风速、风向、气温等气象参数的实时监测。通过气象站、卫星遥感等手段,可以获取大范围的气象信息,为水利工程的调度和运行提供气象依据。在洪水预报中,降雨数据是预测洪水发生和演进的重要参数。通过实时监测降雨数据,结合水文模型和预报算法,可以准确预测洪水的发生时间、洪峰流量及淹没范围等信息,为防汛调度和应急处置提供时间窗口。同时,降雨数据还可以用于评估干旱、洪涝等极端天气事件对水利工程的影响,为防灾减灾提供科学依据。在防台风工作中,风速、风向数据对于评估台风对水利工程的影响具有重要意义。通过实时监测风速和风向数据,可以预测台风的移动路径和强度变化,为水利工程的防护措施提供决策支持。例如,当预测到台风将正面袭击水利工程设施时,可以采取提前关闭水闸、启动排水系统等措施,确保工程设施的安全。

(4)视频监控。是实时监控功能中直观且有效的一种手段,它通过安装视频监控设备,对水利工程设施及周边的环境进行实时监控。视频监控可以提供直观的现场画面,为工程设施的安全评估、运行调度及灾害预警提供视觉依据。在水利工程设施监控中,视频监控可以用于观察工程设施的运行状态、周边环境的变化及异常事件的发生等。例如,在洪水期间,视频监控可以实时观察河道的水位变化、堤防的破损情况、险工险段的运行状态等,为防汛调度和应急处置提供直观依据。同时,视频监控还可以与智能分析技术相结合,实现对画面中的异常行为进行自动识别和报警,如人员入侵、设施损坏等。此外,视频监控还可以用于远程监控水利工程设施的施工过程,确保施工质量和安全。例如,在大型水利枢纽工程建设中,通过视频监控可以实时观察施工现场的人员活动、设备运行状态及安全措施落实情况等,为施工管理和安全监督提供有力支持。

2.2.3　预警预报功能

预警预报功能是智能监测系统的重要应用之一,它基于实时监测数据的深度分析和处理,能够及时发现并预警潜在的洪水、干旱、污染等灾害事件,为防灾减灾工作提供坚实的科学依据。

(1)洪水预警。是预警预报功能中的关键组成部分,它通过对降雨、水位、流量等关键水文参数的实时监测和综合分析,结合先进的水文模型进行洪水预报。这一过程首先依赖于遍布于河流流域的各类传感器,它们实时采集降雨强度、水位高低、流量变化等数据,并将这些数据即时传输至数据处理中心。数据处理中心则运用复杂的水文模型,如降雨-径流模型、洪水演进模型等,对这些数据进行快速分析和模拟,以预测洪水的发生时间、洪峰流量、淹没范围及可能造成的灾害程度。当模型预测到洪水即将发生或已呈现出明显的演进趋势时,系统会立即触发洪水预警机制。预警信息的发布通过多种渠道实现,包括但不限于短信、邮件、专门的 App 推送,以及电视、广播等传统媒体,确保预警信息能够迅速、准确地传达给相关部门、应急管理机构,以及广大公众。这样,相关部门可以依据预警信息及时进行防汛调度,如调整水库下泄流量、启动防洪闸门、组织人员疏散等,从而有效减轻洪水灾害带来的损失。

(2)干旱预警。是预警预报功能的另一重要方面,它通过实时监测降雨量、土壤湿度、水位等参数,结合气象预报和干旱评估模型,来预测和预警干旱事件的发生和发展。干旱的监测依赖于广泛分布的气象站、土壤湿度监测站及水文站等,它们提供的实时数据是干旱预警的基础。气象预报模型能够预测未来一段时间内的降雨概率和降雨量,而干旱评估模型则根据历史降雨数据、土壤湿度状况、水库蓄水量等多维度信息,评估当前及未来一段时间内的干旱风险。当模型预测到干旱即将发生或将持续发展时,系统会发布干旱预警信息,为抗旱减灾工作提供科学依据。相关部门据此可以提前采取措施,如加强水资源管理、实施节水政策、开展节水宣传教育活动,以及调整农业生产计划等,最大限度地减轻干旱对社会经济活动和生态环境造成的负面影响。

(3)污染预警。是预警预报功能中不可或缺的一环,它专注于水质安全的实时监测和预警。通过在水体中布置水质监测站,实时采集水质参数,如溶解氧、pH 值、浊度、重金属含量、有机污染物浓度等,系统能够对这些数据进行快速分析,并结合水质模型和污染评估方法,预测水质变化趋势和潜在的污染风险。当监测到水质参数出现异常变化,或模型预测到水质可能受到严重污染时,系统会立即发布污染预警信息。这一信息对于相关部门来说至关重要,因为他们可以据此及时采取措施，如加强污染源监管，加大对违法排污行为的查处力度，开展水质净化处理，以及向公众发布水质安全警示等。通过这些措施，可以有效保护水体质量，维护生态平衡，确保人民群众的饮水安全。

2.2.4 数据分析与决策支持功能

数据分析与决策支持功能是智能监测系统的高级应用之一，它通过对监测数据的深入分析和挖掘，为水利工程的设计、施工、运行及管理提供科学依据和决策支持。这一功能不仅提升了水利工程管理的智能化水平，还极大地增强了应对各种水情变化的能力。

（1）数据挖掘与关联分析。数据挖掘与关联分析是数据分析与决策支持功能的基础环节。它利用先进的数据挖掘技术和关联分析算法，对监测数据进行深入剖析，旨在发现数据之间隐藏的内在联系和规律。在水利工程中，这一技术被广泛应用于揭示水文现象背后的复杂机制。例如，通过分析水位、流量、降雨等关键水文参数之间的关联关系，可以深入探究洪水发生的机制和演进规律。这种分析有助于识别洪水形成的关键因素，以及这些因素如何相互作用，从而导致洪水的发生和发展。同样，通过对水质参数的变化趋势和影响因素进行细致分析，可以揭示水体污染的来源和传播途径。这不仅有助于追踪污染源，还为制定有效的水质治理措施提供了科学依据。数据挖掘与关联分析的结果不仅为水利工程的研究提供了宝贵的数据支持，还为后续的模型构建和仿真模拟提供了基础数据，进一步推动了水利工程管理的科学化进程。

（2）模型构建与仿真模拟。是数据分析与决策支持功能的核心组成部分。它基于监测数据和历史资料，构建水利工程模型和水文模型，通过仿真模拟和预测分析，为水利工程的设计、施工、运行及管理提供科学依据。在水利工程模型中，水库调度模型是一个典型的例子。通过构建水库调度模型，可以模拟不同调度方案下的水库蓄水量和下游水位变化，从而评估各种调度方案的优劣，为水库的实际调度提供科学指导。同样，洪水演进模型的构建也具有重要意义。通过模拟洪水在不同条件下的演进过程和淹没范围，可以预测洪水的可能影响，为防汛减灾提供有力支持。除水利工程模型外，水文模型的构建也是必不可少的。水文模型可以模拟流域内的水文过程，如降雨-径流过程、蒸散发过程等，从而揭示流域水文循环的规律。这些模型的构建和仿真模拟不仅提高了水利工程管理的科学性，还为应对极端水情变化提供了有力的工具。

（3）决策支持系统。是数据分析与决策支持功能的最终体现。它结合数据挖掘、模型构建和仿真模拟等结果，为水利工程的管理和调度提供智能化辅助决策。决策支持系统通过集成先进的人工智能技术和决策理论，可以根据监测数据和预警信息，自动生成调度方案和优化建议。在洪水期间，决策支持系统发挥着至关重要的作用。它可以根据实时监测数据和洪水预报结果，自动生成闸门调度方案和人员疏散建议。这些方案与建议不仅考虑了洪水的演进规律和可能的影响范围，还充分考虑了水库的蓄水能力和下游的防洪需求，从而确保调度方案的科学性和合理性。除洪水期间的应用外，决策支持系统还可以用于水利工程的日常管理。例如，在水库调度中，决策支持系统可以根据水库的蓄水量、下游的用水需求和天气预报等信息，自动生成最优的调度方案。这种智能化的辅助决策不仅提高了水利工程管理的效率，还降低了人为因素带来的风险。

2.2.5　智能巡检与故障诊断功能

智能巡检与故障诊断功能是智能监测系统的另一重要应用，它依托无人机、水下机器人等高科技智能巡检设备，对水利工程设施进行全面、细致的巡检和检查，旨在及时发现并有效处理潜在的故障和隐患，确保水利工程设施的安全稳定运行。以下是对智能巡检与故障诊断功能的详细阐述：

(1)无人机智能巡检。是智能监测系统在水利工程领域的一大创新应用。无人机凭借其灵活机动、覆盖范围广的优势，能够搭载高分辨率相机、红外热像仪等多种先进设备，对水利工程设施进行空中全方位、多角度的巡检。在高山峡谷、河流湖泊等人员难以到达或存在安全隐患的区域，无人机能够轻松抵达，并获取高分辨率的影像和数据。这些影像与数据随后通过图像识别和机器学习技术进行处理和分析。图像识别技术能够自动识别设施表面的破损、变形、渗漏等异常现象，而机器学习技术则能够基于大量历史数据，学习并识别出设施运行的正常模式和异常模式。通过这一系列的技术手段，无人机智能巡检能够迅速、准确地发现水利工程设施的潜在问题，为后续的维护和管理提供有力支持。

(2)水下机器人智能检测。是智能监测系统在水利工程领域的另一重要应用。水下机器人能够搭载声呐、摄像头等多种设备，对水电站大坝、水库堤防等水下结构物进行全面、细致的检测。声呐设备能够穿透水层，对水下结构物进行三维扫描和成像，获取其详细的形状、尺寸和位置信息。而摄像头则能够实时捕捉水下结构物的表面状况，为后续的图像处理和数据分析提供原始素材。通过图像处理和数据分析技术，水下机器人智能检测能够对水下结构物的运行状态进行全面评估。它可以发现水下结构物是否存在渗漏、淤积、损坏等问题，并对这些问题的严重程度和可能的影响进行量化分析。这一功能对于确保水下结构物的安全稳定运行具有重要意义，它能够为水利工程的维护与管理提供科学依据和决策支持。

(3)故障诊断与预警。是智能巡检与故障诊断功能的核心环节。它结合智能巡检和常规监测数据，对水利工程设施进行全面的故障诊断和预警。通过对监测数据的深入分析和挖掘，故障诊断与预警系统能够发现设施运行的异常模式和规律，判断设施是否存在故障或隐患。当系统发现潜在故障或隐患时，会及时发布预警信息，并给出相应的处理建议和维护方案。这些预警信息和维护方案能够迅速传达给相关部门和人员，使他们能够迅速采取措施，对故障或隐患进行及时处理和修复。这一功能不仅提高了水利工程设施的安全性和可靠性，还降低了因故障或隐患导致的损失和风险。此外，故障诊断与预警系统还能够对历史数据进行学习和分析，不断优化和完善其故障诊断和预警能力。随着系统的不断学习和进化，它的故障诊断准确率和预警及时性将不断提高，为水利工程设施的安全稳定运行提供更加有力的保障。

2.2.6 远程监控与控制功能

远程监控与控制功能是智能监测系统的重要特点之一，它依托先进的网络技术，实现了对水利工程设施的远程访问和精准控制。这一功能的引入，不仅极大地提升了水利工程管理的便捷性和高效性，还为水利设施的安全运行和高效利用提供了有力保障。

(1)远程监控。是智能监测系统的基础功能之一，它使用户能够通过网络远程访问监测中心或云平台，实时查看水利工程设施的监测数据、运行状态和预警信息。这一功能的实现，得益于现代网络技术的飞速发展和普及，以及智能监测系统在数据采集、传输和处理方面的强大能力。在远程监控模式下，用户可以随时随地通过互联网或专用网络，访问监测中心或云平台的服务器，获取水利工程设施的实时监测数据。这些数据包括但不限于水位、流量、水质、降雨量等关键水文参数，以及设施的运行状态、设备故障信息等。同时，用户还可以查看系统发出的预警信息，及时了解水利工程设施可能存在的安全隐患或异常情况。远程监控功能的优势在于，它使用户能够摆脱地域和时间的限制，随时随地掌握水利工程设施的安全状况和运行状态。这对于及时响应异常情况、防止事故发生具有重要意义。例如，在洪水期间，用户可以通过远程监控功能实时了解水位变化情况，及时采取调度措施，确保防洪安全。

(2)远程控制。是远程监控与控制功能的另一重要组成部分,它使用户能够通过网络对关键的水利工程设施进行远程操作。这一功能的实现,依赖于智能监测系统的远程控制模块和先进的通信技术。在远程控制模式下,用户可以根据实时监测数据和预警信息,对闸门、泵站等关键设施进行远程操作。例如,用户可以根据水位变化情况,远程调整闸门的开度,以控制流量和水位;或者根据泵站的运行状态和用水需求,远程调整泵站的运行频率和输出功率,以确保水泵的高效运行和节能降耗。远程控制功能的优势在于,它使用户能够迅速响应异常情况,及时采取调控措施,确保水利工程设施的安全运行和高效利用。同时,远程控制还可以减少人工干预和现场操作的风险,提高工作效率和安全性。

(3)远程维护。是远程监控与控制系统的另一重要功能,它使用户能够通过网络远程访问监测设备或控制系统的维护界面,进行软件升级、参数配置、故障诊断等操作。这一功能的实现,得益于智能监测系统的模块化设计和远程访问技术的不断发展。在远程维护模式下,用户可以通过互联网或专用网络,远程访问监测设备或控制系统的维护界面。在这个界面上,用户可以进行一系列维护操作,如查看设备运行状态、检查软件版本、进行软件升级、配置系统参数、诊断设备故障等。这些操作都可以在远程完成,无须用户亲自到现场进行操作。远程维护功能的优势在于,它大大降低了维护成本和工作量。用户可以在任何地方、任何时间对设备进行维护和管理,无须亲自到现场进行操作。这不仅节省了时间和人力成本,还提高了设备的可靠性和稳定性。同时,远程维护还可以及时发现并处理设备故障,防止故障扩大和影响水利工程的正常运行。

2.2.7　数据管理与共享功能

数据管理与共享功能是智能监测系统的基础支撑之一,它通过对监测数据的集中存储、管理和共享,为水利工程的科学决策、高效运行和协同管理提供了有力保障。

(1)数据存储与管理。是数据管理与共享功能的核心环节。为了确保监测数据的完整性、安全性和可访问性,必须采用高效的数据存储技术和手段对监测数据进行集中存储与管理。在数据存储方面,应选用高性能、高可靠性的存储设备,如分布式文件系统、云存储等,以确保数据能够长期、稳定地保存。同时,应建立科学的数据分类和编码体系,对监测数据进行有序、规范的管理,方便后续的查询和分析。在数据管理方面,应注重数据的可访问性和可用性。通过建立完善的数据索引和检索机制,使用户能够快速、准确地找到所需的数据。此外,还应考虑数据的备份和恢复问题。由于监测数据对于水利工程的安全和运行至关重要,因此必须建立可靠的数据备份和恢复机制,防止数据丢失和损坏。这可以通过定期备份、异地备份、冗余存储等方式实现,确保数据在发生意外情况时能够及时恢复。

(2)数据共享与协作。是数据管理与共享功能的重要方面。通过云平台等技术手段,可以实现监测数据的共享和协作,促进不同部门、不同机构之间的信息共享和协同工作。云平台作为一种新型的 IT 服务模式,具有资源池化、弹性扩展、按需服务等特点,为数据共享和协作提供了良好的技术支撑。在数据共享方面,应建立统一的数据共享平台和标准,规范数据的格式和内容,确保不同系统、不同设备之间的数据能够互联互通。同时,应制定合理的数据共享政策和管理机制,明确数据的共享范围、共享方式和共享条件,保障数据共享的合法性和合规性。例如,防汛部门可以与环保部门共享水质监测数据,共同开展水质治理和保护工作;水利工程设计单位可以与施工单位共享监测数据,共同优化工程设计和施工方案。在数据协作方面,应充分利用云平台的协作功能,支持多人在线编辑、实时协作、版本控制等特性,提高数据处理的效率和准确性。同时,应建立有效的沟通机制和协作流程,确保不同部门、不同机构之间能够顺畅地进行信息交流和协同工作。这有助于打破信息孤岛,促进资源的优化配置和共享利用。

(3)数据安全与隐私保护。是数据管理与共享功能中不可忽视的重要方面。在数据管理与共享过程中,必须注重数据的安全性和隐私保护,防止数据泄露和滥用。为了确保监测数据在传输和存储过程中的安全性和保密性,应采用加密技术、访问控制等手段进行保护。加密技术是一种有效的数据保护手段,通过对数据进行加密处理,可以确保数据在传输过程中不被窃取或篡改。同时,应建立严格的访问控制机制,对数据的访问进行严格的身份认证和权限管理,防止未经授权的访问和数据泄露。此外,还应加强对数据使用过程的监控和审计,确保数据的使用符合法律法规和伦理要求。除了技术手段,还应加强数据管理和共享过程中的法律法规建设。制定完善的数据安全和隐私保护法律法规,明确数据的权属、使用、共享和保护等方面的规定,为数据管理和共享提供法律保障。同时,应加强对数据管理和共享人员的培训和教育,提高他们的数据安全和隐私保护意识,确保数据管理和共享工作的顺利进行。

综上所述,对智能监测系统的功能进行归纳,如表 2-1 所示。

表 2-1　智能监测系统功能

功能类别	具体功能	描述
数据采集	传感器网络	通过布置在水库、大坝等关键部位的传感器实时采集水位、流量、水质等参数
	遥感技术	利用卫星、无人机等平台获取大范围的水文、气象及地质信息
实时监控	水利工程设施监控	对水库大坝、堤防等关键设施的运行状态进行实时监测
	水环境监控	实时监测水质、水温、泥沙含量等水环境参数
	气象条件监控	实时监测降雨、风速、风向、气温等气象参数
	视频监控	通过视频监控设备对水利工程设施及周边环境进行实时监控
预警预报	洪水预警	基于实时监测数据和水文模型预测洪水的发生时间、洪峰流量及淹没范围
	干旱预警	通过监测降雨量、土壤湿度等参数，结合气象预报和干旱评估模型预测干旱事件
	污染预警	实时监测水质参数，结合水质模型和污染评估方法预测水质变化趋势和潜在污染风险
数据分析与决策支持	数据挖掘与关联分析	利用数据挖掘技术和关联分析算法发现监测数据之间的内在联系和规律
	模型构建与仿真模拟	构建水利工程模型和水文模型，通过仿真模拟和预测分析为水利工程管理提供科学依据
	决策支持系统	结合数据挖掘、模型构建等结果，为水利工程的管理和调度提供智能化辅助决策
智能巡检与故障诊断	无人机智能巡检	利用无人机对水利工程设施进行空中全方位、多角度的巡检
	水下机器人智能检测	利用水下机器人对水下结构物进行全面、细致的检测
	故障诊断与预警	结合智能巡检和常规监测数据进行全面的故障诊断和预警

续表 2-1

功能类别	具体功能	描述
远程监控与控制	远程监控	通过网络远程访问监测中心或云平台,实时查看水利工程设施的监测数据和预警信息
	远程控制	通过网络对关键的水利工程设施进行远程操作
	远程维护	通过网络远程访问监测设备或控制系统的维护界面,进行维护操作
数据管理与共享	数据存储与管理	采用高效的数据存储技术和手段对监测数据进行集中存储和管理
	数据共享与协作	通过云平台等技术手段实现监测数据的共享和协作
	数据安全与隐私保护	注重数据的安全性和隐私保护,防止数据泄露和滥用

2.3 智能监测系统的优势

智能监测系统作为现代水利工程管理的重要工具,凭借其先进的技术手段和强大的功能特性,在提升水利工程运行效率、保障工程安全、优化资源配置等方面展现出了显著的优势。

2.3.1 实时数据采集与处理能力

智能监测系统具备强大的实时数据采集与处理能力,这是其最为核心的优势之一。通过集成各种高精度传感器和先进的监测设备,智能监测系统能够实现对水利工程设施全天候、全方位的数据采集,包括水位、流量、水质、降雨量、土壤湿度、气温、风速等关键参数。这些数据不仅涵盖了水利工程运行的基本信息,还能够为工程的安全评估、状态监测和预警提供科学依据。在数据处理方面,智能监测系统采用了先进的数据处理算法和模型,能够实时对采集到的数据进行清洗、过滤、分析和挖掘。通过数据预处理,系统可以去除噪声和异常值,提高数据的准确性和可靠性。同时,利用数据挖掘技术,系统可以从海量数据中提取出有价值的信息和模式,为水利工程的科学决策和精细化管理提供支持。这种实时的数据采集与处理能力,使得智能监测系统能够迅速响应水利工程运行中的各种变化,及时发现并处理潜在的问题和风险。

2.3.2　环境变化监测与预警能力

智能监测系统具备强大的环境变化监测与预警能力,这对于应对气候变化和极端天气事件对水利工程的影响具有重要意义。通过集成气象传感器、遥感技术和大数据分析平台,智能监测系统能够实时监测气象要素的变化,如降雨量、气温、风速、湿度等,以及河流水文要素的变化,如水位、流量、泥沙含量等。通过对这些数据的分析和处理,系统可以预测未来一段时间内的天气和水文变化情况,为水利工程的防洪、抗旱、供水等调度决策提供依据。特别是在应对洪水、干旱等极端天气事件时,智能监测系统的预警能力显得尤为重要。系统可以根据实时监测数据和历史气象水文数据,构建精准的预警模型,预测洪水或干旱的发生时间、强度和影响范围。一旦预测到可能发生极端天气事件,系统可以立即发出预警信息,通知相关部门和人员采取应对措施,减少灾害损失。此外,智能监测系统还可以与应急管理系统进行集成,实现信息的快速传递和资源的有效调配,提高应急响应的效率和准确性。

2.3.3　设施完整性评估与故障诊断

智能监测系统能够对水利工程设施的完整性进行持续评估,及时发现并诊断设施存在的故障和隐患。通过集成振动传感器、应变传感器、温度传感器等监测设备,系统可以实时监测设施的运行状态和健康状况,如大坝的位移、变形、渗漏情况,水闸的启闭状态和运行参数等。通过对这些数据的分析和处理,系统可以评估设施的完整性和安全性,预测设施的使用寿命和维护周期。在故障诊断方面,智能监测系统采用了先进的机器学习和人工智能技术,能够自动识别并诊断设施存在的故障类型和原因。通过对历史故障数据与实时监测数据的分析和学习,系统可以构建精准的故障诊断模型,快速定位故障点并给出维修建议。这种能力不仅可以提高设施的运行效率和可靠性,还可以降低维修的成本和风险。此外,智能监测系统还可以对设施的维护过程进行记录和跟踪,为设施的长期运行和管理提供有力支持。

2.3.4　高效资源管理与优化配置

智能监测系统能够实现水资源的高效管理和优化配置,这对于缓解水资源短缺、提高水资源利用效率具有重要意义。通过集成水资源监测设备和智能控制系统,智能监测系统可以实时监测水资源的供需状况和变化趋势,为水资源的合理调度和分配提供依据。例如,在城市供水系统中,系统可以根据不同地区的用水需求和水源供应情况,自动调整管道阀门的开启度,确保水资源的均衡供应和高效利用。在农业灌溉领域,智能监测系统可以根据土壤湿度、作物需水量等参数,自动调整灌溉时间和水量,实现精准灌溉和节水灌溉。这种能力不仅可以提高灌溉效率和水资源利用效率,还可以减少灌溉过程中的水资源浪费和环境污染。此外,智能监测系统还可以与气象预报系统进行集成,根据未来天气预测结果调整灌溉计划,进一步提高水资源的优化配置效果。

2.3.5 远程监控与控制能力

智能监测系统具备强大的远程监控与控制能力,使得水利工程的管理更加便捷和高效。通过网络技术,用户可以随时随地访问监测中心或云平台,实时查看水利工程设施的监测数据、运行状态和预警信息等。这种能力不仅使用户能够及时了解工程的安全状况和运行状态,还能够为应急响应和决策支持提供便利。在远程控制方面,智能监测系统允许用户通过网络对关键的水利工程设施进行远程操作。例如,在防洪调度过程中,用户可以根据实时监测数据和预警信息,远程调整闸门的开度、泵站的运行频率等参数,确保水利工程设施的安全运行和高效利用。这种能力不仅提高了工程管理的灵活性和响应速度,还降低了人工干预和现场操作的风险。此外,智能监测系统的远程监控与控制能力还可以与移动设备和应用程序进行集成,实现更加便捷和高效的工程管理。例如,用户可以通过手机或平板电脑等移动设备访问监测系统,随时随地查看工程状态并接收预警信息。同时,用户还可以通过应用程序对工程设施进行远程控制和操作,实现真正的移动办公和智能化管理。

2.3.6 数据管理与共享能力

智能监测系统具备强大的数据管理与共享能力,为水利工程的科学决策和协同管理提供了有力支持。通过采用高效的数据存储技术和手段,智能监测系统能够对监测数据进行集中存储和管理,确保数据的完整性、安全性和可访问性。同时,系统还建立了完善的数据备份和恢复机制,防止数据丢失和损坏。在数据共享方面,智能监测系统通过云平台等技术手段实现了监测数据的共享和协作。不同部门、不同机构之间可以通过云平台访问和共享监测数据,促进信息共享和协同工作。例如,防汛部门可以与环保部门共享水质监测数据，共同开展水质治理和保护工作；水利工程设计单位可以与施工单位共享监测数据，共同优化工程设计和施工方案。这种数据共享机制不仅提高了数据的利用效率和价值，还促进了部门之间的协同合作和资源整合。此外，智能监测系统还注重数据安全和隐私保护。在数据管理与共享过程中，系统采用了加密技术、访问控制等手段确保监测数据在传输与存储过程中的安全性和保密性。同时，系统还建立了严格的数据访问和授权机制，防止未经授权的访问和数据泄露。这些措施不仅保护了用户的数据隐私和权益，还提高了系统的可信度和可靠性。

2.3.7　支持智能化决策与精细化管理

智能监测系统通过集成大数据分析、人工智能等先进技术，能够为用户提供智能化的决策支持和精细化的管理手段。通过对监测数据的深度挖掘和分析，系统可以发现数据之间的关联性和规律性，为水利工程的科学决策提供有力支持。例如，在防洪调度决策中，系统可以根据实时监测数据和历史气象水文数据构建精准的洪水预测模型，预测洪水的发生时间、强度和影响范围，为防洪调度提供科学依据。在精细化管理方面，智能监测系统能够实现对水利工程设施的精细化监测和管理。通过集成各种高精度传感器和先进的监测设备，系统可以实时监测设施的运行状态和健康状况，并对设施进行精细化的评估和维护。例如，在大坝安全监测中，系统可以实时监测大坝的位移、变形、渗漏等情况，并根据监测数据对大坝的安全性进行评估和预警。这种精细化管理手段不仅可以提高设施的运行效率和可靠性，还可以降低维修成本和风险。此外，智能监测系统还可以与地理信息系统（GIS）、全球定位系统（GPS）等技术进行集成，实现水利工程设施的空间化管理和可视化展示。通过 GIS 技术，用户可以将监测数据与地理空间信息相结合，直观地展示水利工程设施的分布情况和运行状态。这种空间化管理和可视化展示手段不仅可以提高用户的管理效率与决策能力，还可以增强用户对水利工程设施的认知和理解。

2.3.8　提高应急响应速度与效率

智能监测系统在提高应急响应速度与效率方面发挥了重要作用。通过实时监测和预警功能，系统可以及时发现并报告水利工程设施存在的安全隐患和异常情况。一旦系统检测到异常情况或发出预警信息，用户可以立即采取应对措施进行处理，防止事故扩大和造成更严重的后果。在应急响应过程中，智能监测系统还可以为用户提供决策支持和信息共享平台。例如，在洪水灾害应急响应中,系统可以根据实时监测数据和历史气象水文数据构建精准的洪水预测模型,预测洪水的发生时间、强度和影响范围,为防洪调度提供科学依据。同时,系统还可以将监测数据共享给相关部门和机构,促进信息共享和协同工作,提高应急响应的效率和准确性。此外,智能监测系统还可以与自动化控制系统进行集成,实现应急响应的自动化和智能化。例如,在防洪调度过程中,系统可以根据实时监测数据和预警信息自动调整闸门的开度、泵站的运行频率等参数,确保水利工程设施的安全运行和高效利用。这种自动化和智能化的应急响应手段不仅可以提高应急响应的速度和效率,还可以降低人工干预和现场操作的风险。

2.3.9 促进技术创新与产业升级

智能监测系统的研发和应用促进了水利行业的技术创新和产业升级。通过集成物联网、大数据、人工智能等先进技术,智能监测系统推动了水利行业的数字化转型和智能化升级。这种技术创新不仅提高了水利工程的管理水平和运行效率,还带动了相关产业链的发展和创新。在技术创新方面,智能监测系统的研发和应用推动了传感器技术、通信技术、数据处理技术等领域的进步和发展。例如,为了满足智能监测系统对高精度、高可靠性传感器的需求,传感器技术得到了不断的发展和创新。同时,为了满足智能监测系统对高速、稳定通信网络的需求,通信技术也得到了不断的发展和完善。在产业升级方面,智能监测系统的应用推动了水利行业向数字化、网络化、智能化方向发展。通过引入智能监测系统,水利行业实现了从传统的人工巡检和手动操作向自动化、智能化管理的转变。这种转变不仅提高了水利工程的管理水平和运行效率,还带动了相关产业链的发展和创新。例如,随着智能监测系统的广泛应用,水利工程设计、施工、运维等环节都将实现智能化和数字化管理,从而推动整个水利行业的产业升级和发展。

2.3.10 提升公众认知与参与度

智能监测系统的应用还可以提升公众对水利工程的认知和参与度。通过向公众公开监测数据和预警信息,智能监测系统可以让公众了解水利工程设施的运行状态和安全性情况,增强公众对水利工程的信任和支持。同时,智能监测系统还可以通过互联网、移动应用等渠道与公众进行互动和交流。例如,系统可以开发专门的移动应用程序或网站平台,向公众提供实时监测数据、预警信息、科普知识等内容。通过这些渠道,公众可以更加方便地了解水利工程的重要性和意义，并积极参与水利工程的管理和保护工作。此外，智能监测系统还可以与社交媒体等平台进行集成，通过发布监测数据和预警信息等方式提高公众对水利工程的关注度和参与度。例如，在洪水灾害发生时，系统可以通过社交媒体平台发布洪水预警信息和避险建议等内容，引导公众采取正确的应对措施并积极参与防洪救灾工作。这种互动和交流方式不仅可以提高公众对水利工程的认知度和参与度，还可以增强公众对水利工程设施的保护意识和责任感。

第 3 章　智能监测技术在水利工程中的应用

自动化控制技术的发展极大地提升了水利工程的管理水平和运行效率。本章将系统介绍自动化控制技术的定义、分类、原理及关键技术，通过反馈控制、前馈控制和智能控制等原理的讲解，揭示自动化控制技术在水利工程中的具体应用和实现方式，为水利工程智能化建设提供技术支撑。

3.1　水位监测技术

水位监测是水利工程中至关重要的一环，对防洪、灌溉、水力发电等多种功能具有直接影响。随着科技的进步，水位监测技术也在不断发展，从传统的浮子式水位计到现代的光纤式水位计、压力式水位计和超声波水位计，各种技术手段各有其特点和优势。

3.1.1　浮子式水位计

3.1.1.1　原理与特点

浮子式水位计是一种基于阿基米德原理的水位监测设备，其工作原理巧妙且具有一定的实用性。阿基米德原理指出，物体在液体中所受的浮力，等于它所排开的液体所受到的重力。浮子式水位计正是利用这一原理，通过浮子随水位的升降来感知水位的变化。具体而言，浮子式水位计内部设计有独特的机械结构或磁性元件。当水位上升时，浮子随着水位的升高而上升，带动与之相连的内部机械结构或磁性元件移动。这种移动会触发传感器，使其产生相应的电信号。这些电信号经过处理后，就能够准确地反映出水位的变化情况。

浮子式水位计具有诸多显著的特点。首先，其结构简单，没有过于复杂的电子元件和精密的机械部件，这使得它的制造成本相对较低。其次，价格低廉是其另一个重要优势，这使得它在一些对成本较为敏感的项目中具有很大的吸引力。再者，浮子式水位计的维护非常方便，由于其结构相对简单，出现故障时容易排查和修复，不需要专业的技术人员和昂贵的维修设备。此外，它对各种水质环境都有较好的适应性，无论是清澈的河水还是含有一定杂质的污水，浮子式水位计都能够正常工作。然而，浮子式水位计也存在一些不足之处。其测量精度容易受到多种因素的影响。浮子的材质是一个关键因素。不同材质的浮子其密度、耐磨性等性能有所差异，会对测量精度产生一定的影响。例如，一些材质较轻的浮子可能会在水流的作用下产生晃动，从而影响测量的准确性。机械结构的摩擦也是影响测量精度的重要因素之一。在浮子升降过程中，机械部件之间的摩擦会导致浮子的移动不够顺畅，进而使传感器产生的电信号出现偏差，降低测量精度。此外，浮子式水位计难以实现远程自动监测。它通常需要人工到现场进行数据的读取和记录，这不仅增加了人力成本，而且无法实现实时、连续的水位监测。在一些需要及时掌握水位变化情况的场合，其应用受到了一定的限制。

3.1.1.2　应用场景

浮子式水位计凭借其独特的优势，在多个领域的水位监测中得到了广泛的应用。

在小型水库的水位监测中，浮子式水位计发挥着重要作用。小型水库通常规模较小，预算有限，对水位监测的精度要求相对较低。浮子式水位计的低成本和高适用性使其成为小型水库水位监测的理想选择。通过安装浮子式水位计，水库管理人员可以及时了解水库的水位变化情况，合理安排水库的蓄水和放水，确保水库的安全运行。

在河流的水位监测方面，浮子式水位计也有广泛的应用。一些小型河流或者偏远地区的河流，由于地理条件和经济因素的限制，难以采用成本较高的先进监测设备。浮子式水位计的低成本和维护方便的特点，使其能够满足这些河流的水位监测需求。通过对河流水位的实时监测，可以及时了解河流的水情变化，为防洪减灾、水资源管理等工作提供重要的数据支持。

在渠道的水位监测中，浮子式水位计同样具有重要的应用价值。渠道通常用于灌溉、输水等目的，其水位的高低直接影响到灌溉效果和输水效率。浮子式水位计可以安装在渠道的关键位置，实时监测水位变化，当水位出现异常时，及时发出警报，提醒管理人员采取措施，保证渠道的正常运行。

浮子式水位计还适用于一些临时性的水位监测项目。例如，在一些洪水灾害发生后，需要快速了解受灾地区的水位情况，此时浮子式水位计可以快速部署，为抢险救灾工作提供及时的水位信息。由于其成本低廉、安装方便，能够在短时间内满足监测需求，为救援工作的决策提供重要依据。

3.1.2 压力式水位计

3.1.2.1 原理与特点

压力式水位计是一种基于液体静压力与水位高度成正比关系的水位测量设备,其工作原理遵循物理学中的基本原理。在静止的液体中,任一点的压力与该点距离液面的垂直高度成正比,这一关系为压力式水位计的水位测量提供了理论依据。具体而言,压力式水位计的核心部件是传感器膜片。当水位发生变化时,水对传感器膜片的压力也会相应地改变。传感器能够精确地测量出这个压力值,并通过内部的转换装置将其转化为电信号。经过一系列的处理和计算,就可以根据压力值准确地得出水位高度。这种测量方式具有较高的科学性和准确性,能够为水位监测提供可靠的数据。

压力式水位计具有诸多显著的特点。首先,其测量精度高。由于采用了先进的传感器技术和精确的计算方法,能够准确地测量出微小的水位变化,满足高精度水位监测的需求。其次,稳定性好。在长期使用过程中,压力式水位计能够保持稳定的性能,不易受到外界因素的干扰,确保测量数据的可靠性和一致性。再次,它不受水质的影响。无论是清澈的水还是含有杂质、化学物质的水,压力式水位计都能够正常工作,不会因为水质的变化而影响测量精度。最后,压力式水位计能够实现远程自动监测。通过与数据传输系统相结合,可以将测量到的水位数据实时传输到远程监控中心,方便管理人员随时了解水位情况,及时做出决策。

然而,压力式水位计也存在一些需要注意的问题。长期浸泡在水中可能会导致传感器膜片老化或腐蚀。水中的化学物质、微生物等可能会对膜片材料产生侵蚀作用,使其性能逐渐下降。老化或腐蚀的膜片会影响测量的准确性,降低传感器的灵敏度,甚至可能导致测量数据出现偏差。同时,膜片的老化和腐蚀也会缩短压力式水位计的使用寿命,增加设备的维护成本和更换频率。为了延长压力式水位计的使用寿命和保证测量精度,需要采取一系列的措施。例如,选择耐腐蚀、耐老化的膜片材料,提高传感器的抗腐蚀能力;定期对传感器进行维护和检查,及时发现并更换老化或损坏的膜片;在安装和使用过程中,注意保护传感器,避免其受到外界物体的碰撞和损坏。

3.1.2.2 应用场景

压力式水位计凭借其独特的优势,在多个需要高精度水位监测的场合得到了广泛的应用。在大型水库的水位监测中,压力式水位计发挥着重要作用。大型水库通常具有较大的库容和复杂的水文条件,对水位监测的精度和稳定性要求较高。压力式水位计能够准确地测量水库的水位变化,为水库的调度和管理提供重要的数据支持。通过实时监测水位,管理人员可以合理安排水库的蓄水和放水,确保水库的安全运行,同时提高水资源的利用效率。

在水电站的水位监测方面,压力式水位计同样具有不可替代的作用。水电站的运行需要精确控制水位,以保证发电效率和设备的安全。压力式水位计能够实时提供准确的水位数据,帮助水电站工作人员及时调整发电设备的运行参数,优化发电过程。同时,在水电站的防洪调度中,压力式水位计的数据也为决策提供了重要依据,确保水电站在洪水期间能够安全运行。

在河流水位站的监测中,压力式水位计也展现出其独特的优势。河流水位的变化受到多种因素的影响,如降雨、上游来水等。压力式水位计能够实时监测河流水位的变化,为防洪减灾、水资源管理等工作提供重要的数据支持。特别是在深水区域,传统的水位监测方法可能存在一定的困难,而压力式水位计不受水深限制,能够准确地测量出深水区域的水位,为河流的管理和保护提供了有力的技术手段。

在水质恶劣的环境中,压力式水位计的优势更加明显。一些工业废水排放口、污水处理厂等地方的水质较差,含有大量的杂质和化学物质。传统的水位监测设备可能会因为水质的影响而出现故障或测量不准确的情况,而压力式水位计不受水质影响,能够在恶劣的水质环境中稳定工作,为这些地方的水位监测提供了可靠的解决方案。

压力式水位计还可以应用于海洋监测、地下水水位监测等领域。在海洋监测中,压力式水位计可以安装在海底,实时监测海平面的变化,为海洋科学研究、海洋灾害预警等提供重要的数据。在地下水水位监测中,压力式水位计能够准确地测量地下水水位的变化,为地下水资源的管理和保护提供科学依据。

3.1.3 超声波水位计

3.1.3.1 原理与特点

超声波水位计是一种基于超声波传播特性进行水位测量的先进设备,其工作原理建立在超声波在空气中的传播规律之上。具体而言,它利用超声波在空气中的传播速度与时间的乘积来计算水位高度。当超声波水位计开始工作时,会发射一束超声波脉冲,这些脉冲以特定的频率和强度向水面传播。当超声波遇到水面时,会发生反射现象,反射回来的超声波信号被水位计接收。通过精确测量超声波信号从发射到接收的往返时间,结合超声波在空气中的传播速度,就可以准确地计算出水位高度。

超声波水位计具有诸多显著的特点。首先,它实现了非接触测量。与传统的接触式水位测量设备不同,超声波水位计无须与被测水体直接接触,避免了因接触而可能带来的测量误差和设备损坏问题。这种非接触测量的方式使得超声波水位计在安装和使用过程中更加灵活方便,不受水体表面状况的限制。其次,超声波水位计的测量范围广。它可以适用于不同深度、不同宽度的水体测量,无论是小型的水渠还是大型的水库、湖泊,都能够准确地测量水位。再次,其测量精度高。通过先进的信号处理和计算技术,超声波水位计能够精确地测量出微小的水位变化,满足高精度水位监测的需求。最后,超声波水位计响应速度快,能够实时反映水位的变化情况,为及时采取应对措施提供了有力支持。

超声波水位计还具有不受水质、泥沙等因素影响的优点。在一些水质较差、含有大量泥沙的水体中,传统的水位测量设备可能会因为水质和泥沙的影响而出现测量不准确或设备损坏的情况,而超声波水位计通过非接触测量的方式,避免了与水体直接接触,因此不会受到水质和泥沙的影响,能够稳定、准确地测量水位。

然而,超声波水位计的测量精度也受到一些环境因素的影响。空气温度、湿度和风速等因素都会对超声波的传播速度产生影响,从而影响测量精度。例如,当空气温度升高时,超声波的传播速度会加快,如果水位计没有及时进行温度补偿,就会导致测量结果出现偏差。湿度也会对超声波的传播产生一定的影响,高湿度环境下超声波的衰减可能会增大,影响信号的接收质量。当风速较大时,超声波的传播路径会发生偏移,导致测量误差增大。因此,在使用超声波水位计时,需要考虑这些环境因素的影响,并采取相应的措施进行补偿和校正,以提高测量精度。

3.1.3.2 应用场景

超声波水位计凭借其独特的优势,在城市供水、排水、防汛监测等多个领域得到了广泛的应用。在城市供水系统中,准确的水位监测对于保障供水安全至关重要。超声波水位计可以安装在水源地、水厂的水池、水箱等位置,实时监测水位变化,确保供水系统的稳定运行。当水位过低时,及时发出警报,提醒管理人员采取措施补充水源;当水位过高时,避免水溢出造成浪费和安全隐患。

在城市排水系统中,超声波水位计同样发挥着重要作用。城市内涝是一个常见的问题,给城市的交通、居民生活等带来严重影响。通过在城市低洼地带、排水管道关键节点等位置安装超声波水位计,可以实时监测水位变化,当水位达到预警值时,及时启动排水设备,或者向相关部门发出警报,采取应急措施,有效预防和减轻城市内涝灾害。

在防汛监测领域,超声波水位计是不可或缺的工具。在河流、湖泊等水域,特别是在洪水期间,准确的水位监测对于防洪减灾至关重要。超声波水位计可以安装在河流两岸、水库大坝等位置,实时监测水位变化,为防汛决策提供科学依据。通过与气象部门的数据结合,还可以提前预测洪水的发生和发展趋势,及时组织人员疏散和抢险救灾工作。

在水库水位远程监测系统中,超声波水位计表现出色。水库通常具有较大的面积和复杂的地形,传统的水位监测方法可能存在局限性。超声波水位计可以实现远程自动监测,通过无线通信技术将测量数据传输到远程监控中心,管理人员可以随时随地了解水库的水位情况。同时,超声波水位计的高精度测量能够满足水库水位监测的要求,为水库的调度和管理提供准确的数据支持。

超声波水位计还可以应用于农业灌溉、水产养殖等领域。在农业灌溉中,通过监测灌溉渠道的水位,合理控制灌溉水量,提高水资源利用效率。在水产养殖中,准确的水位监测有助于维持养殖水体的稳定环境,保障养殖生物的健康生长。

综上所述,对浮子式水位计、压力式水位计和超声波水位计进行综合比较,如表 3-1 所示。

表 3-1　水位监测技术综合比较

水位监测技术	浮子式水位计	压力式水位计	超声波水位计
原理	基于阿基米德原理,浮子随水位升降带动内部机械结构或磁性元件移动触发传感器	利用液体静压力与水位高度成正比的关系,测量水对传感器膜片的压力计算水位	发射超声波脉冲到水面并接收反射信号,测量信号往返时间计算水位
特点	结构简单、成本低廉、维护方便	测量精度高、稳定性好、不受水质影响	非接触测量、精度高、响应速度快
适用场景	小型水库、河流、渠道等场合,预算有限且对精度要求不高	大型水库、水电站、河流水位站等需要高精度水位监测的场合	城市供水、排水、防汛监测等领域,需要远程自动监测且对精度要求较高

续表 3-1

水位监测技术	浮子式水位计	压力式水位计	超声波水位计
成本	低	中等	中等至高
精度	有限,受浮子材质、机械结构摩擦等因素影响	高	高
远程自动监测	难以实现	能够实现	适用于远程自动监测系统
维护需求	低,但需定期检查机械结构	需注意传感器膜片的维护和更换	相对较低,但需考虑环境因素对设备的影响
受环境因素影响	否	否,但长期浸泡可能导致膜片老化或腐蚀	是,受空气温度、湿度、风速等因素影响

在实际应用中,应根据具体需求和环境条件选择合适的水位监测技术。例如,在需要高精度、远程自动监测的大型水库中,可以优先考虑压力式水位计或超声波水位计;而在小型项目或预算有限的情况下,浮子式水位计则是一个经济实用的选择。同时,随着物联网、大数据等技术的发展,未来的水位监测技术将更加智能化、网络化,为水利工程的安全运行提供更加全面、准确的数据支持。

3.2 流量监测技术

3.2.1 总则

为全面规范水电工程生态流量实时监测系统的构建与运行,确保监测内容的全面性、方法的科学性、标准的统一性及制度的完善性,特制定《水电工程生态流量实时监测系统技术规范》(NB/T 10385—2020)。该规范旨在通过明确技术要求和操作准则,为水电工程生态流量实时监测系统的设计、建设、运行管理和维护提供一套系统化的指导框架。生态流量实时监测作为流域生态环境监测体系的重要组成部分,其实施必须紧密贴合流域生态环境保护的总体要求,应遵循:①系统性原则,即监测系统的设计与布局需考虑流域的整体性和生态流量的动态变化特性;②代表性原则,确保监测数据能够准确反映生态流量的实际状况，具有典型性和可信度；③协调性原则，要求监测系统的运行应与流域内其他环境监测活动相协调，形成互补，共同服务于流域生态环境的保护与管理。此外，水电工程生态流量实时监测系统在遵循本规范的同时，还必须严格遵守国家现行有关标准的规定，包括但不限于水质监测标准、数据传输协议、数据安全与保密规定等，以确保监测工作的合法合规性和数据的准确可靠性，为流域生态环境的可持续管理提供坚实的技术支撑。

3.2.2　基本规定

水电工程生态流量实时监测系统的设计与建设，应建立在充分收集并分析工程所在区域的环境现状、水文特征、生态状况及工程特性等详尽资料的基础上。这一过程需深入考虑全过程环境管理的需求，从项目规划、设计、施工到运营的全过程，确保监测系统的有效性和适应性。为此，应制定详尽的系统设计方案和建设规划，明确监测目标、监测点位、监测指标、监测频率等关键要素，并据此制定运行管理规程，确保监测系统的长期稳定运行和有效维护。

在系统设计与建设过程中，应充分利用水电工程已有的相关监测系统基础条件，如水文站、水质监测站等，避免重复建设，提高资源利用效率。同时，需兼顾交通便利性、通信网络的覆盖情况、管护设施的完善程度及系统的安全性等多方面因素，确保监测系统的可操作性和可持续性。对于上下游梯级水电站，其生态流量实时监测系统应实现相互协调与衔接，形成流域内生态流量监测的网络化布局，提高监测数据的连贯性和可比性。

水电工程生态流量实时监测系统的布设需综合考虑枢纽建筑物的布局、生态流量泄放设施的设置、水库的运行方式及环境敏感目标的分布等因素。系统布设应遵循安全可靠的原则，确保监测设备在极端天气或水文条件下仍能正常运行；技术可行的原则，采用成熟可靠的监测技术和设备，保证监测数据的准确性和可靠性；经济合理的原则，在满足监测需求的前提下，合理控制建设成本和维护费用，提高监测系统的经济效益和社会效益。

水电工程生态流量实时监测系统应具备全面的功能体系，包括：①生态流量的实时自动采集功能，确保数据的及时性和准确性；②数据传输功能，实现监测数据与监控中心的实时通信；③数据存储功能，为数据分析提供长期可靠的数据支持；④数据处理功能，对原始数据进行清洗、校准和分析，提取有用信息；⑤展示功能，以直观易懂的方式展示监测结果，便于管理者和公众了解生态流量状况；⑥共享功能，促进监测数据在相关部门和机构间的共享与交流，为流域生态环境的协同管理提供数据支撑。通过这些基本功能的实现，水电工程生态流量实时监测系统将为流域生态环境的保护和可持续发展提供有力的技术保障。

3.2.3 系统设计

3.2.3.1 一般规定

当系统设计生态流量实时监测系统时，首要任务是在详尽的功能需求分析基础上，通过技术经济比较论证，科学合理地确定监测系统的整体方案。这一过程需综合考虑系统的实用性、先进性、可靠性和经济性，确保所选方案既能满足生态流量监测的实际需求，又能在技术可行和经济合理的前提下实现。系统设计应紧密围绕生态流量监测的核心要求，充分结合地形地质条件、工程开发方式、枢纽及生态流量泄放设施的具体布置等因素进行。这要求设计者不仅要对监测对象有深入的了解，还需具备对周边环境条件的全面把握能力，以确保系统设计的针对性和有效性。

生态流量实时监测系统的设计任务应全面且细致，具体包括确定系统的基本功能，如实时监测、数据传输、数据处理与分析、预警报警等；拟定站网布设方案，明确遥测站和中心站的位置、数量及布局；拟定监测技术方案，选择适合的监测设备、传感器及测量方法；提出通信组网设计方案，确保监测数据的实时、准确传输；提出电源及电压保护与接地措施，保障系统的稳定运行；提出遥测站设备配置方案，包括监测仪器、数据采集设备、通信设备等；提出中心站数据处理系统方案，包括数据处理软件、数据库建设、数据展示平台等；提出监测设施建设方案，包括测站建设、设备安装、调试运行等；提出系统运行管理和维护方案，确保系统的长期稳定运行；还需编制投资概算，对系统的建设成本进行合理估算。

3.2.3.2 基本资料

当系统设计生态流量实时监测系统时，应广泛收集水电工程环境保护相关资料，这些资料是系统设计的重要依据。主要包括：①环境影响评价文件，它提供了工程建设对环境可能产生的影响及预防措施；②环境影响后评价文件，反映了工程运行后实际环境影响及改进措施的效果；③环境保护设计成果，体现了环境保护理念在工程设计中的融入。同时，系统设计还需收集水电工程特性资料，以全面了解工程的基本情况。这包括：①水库的特征参数，如库容、正常蓄水位、死水位等；②水库的调节性能资料，如调节周期、调节能力等；③枢纽的特征参数和设计图件资料，如大坝、溢洪道、发电厂房等的尺寸、结构、布置等；④生态流量泄放设施的特征参数和设计图件资料，如泄放流量、泄放方式、泄放设施的结构等。此外,系统设计还需收集水电工程运行资料,以掌握工程运行的实际状况。这包括:①水库调度方案,反映了水库的水量分配和调度策略;②代表年入库流量、出库流量、坝前和坝下水位,提供了水库运行的水文条件;③生态流量泄放设施运行数据,如泄放流量、泄放时间等。

为了准确布设监测站点,系统设计还需收集选定生态流量监测站点区域的地形资料,比例尺不小于 1∶2 000。同时,还需收集工程区域代表性气象站的气温、湿度、日照、风速、风向等要素的特征资料,以及代表性水文站的水位、流量、流速、洪水、冰情等特征资料。这些资料为监测站点的选址和监测设备的选型提供了重要依据。另外,系统设计还应收集工程区域内水文监测系统、涉水建筑物等相关资料,以全面了解工程区域的水文监测现状和涉水建筑物的分布情况。

3.2.3.3　站网布设

生态流量实时监测站网由遥测站和中心站等组成,是监测系统的重要组成部分。在布设监测站网时,应充分利用已有的相关监测站网条件,优先考虑与相关监测设施共享设备、数据与站房,以提高资源利用效率,降低建设成本。

生态流量遥测站点的布设应遵循控制性和代表性的原则,确保监测数据能够准确反映生态流量的实际状况。对于坝后式电站,应分别在生态流量泄放设施处、发电厂房尾水出口与泄洪建筑物出口下游河道汇合处布设遥测站点,以全面监测电站下泄的生态流量。对于引水式及混合式电站,除在上述位置布设遥测站点外,还应在生态流量泄放设施出口与泄洪建筑物出口下游河道汇合处、发电厂房尾水出口下游河道处增设遥测站点,以确保监测数据的完整性和准确性。当电站下游有鱼类重要栖息地、水生生物保护区、重要湿地、重要取水口等环境敏感目标分布时,应在敏感目标处布设遥测站点,以监测电站运行对这些敏感目标的影响。遥测站点的布设应能反映电站下泄全部生态流量及过程,且宜避免工程运行的干扰,确保监测数据的真实性和可靠性。遥测站站址的选择应满足生态流量监测的技术要求,便于系统通信组网、测站建设和运行管理。同时,应避开可能发生塌方、滑坡、泥石流等突发性灾害的区域,以及强电磁场、强震动等干扰源,确保测站的安全稳定运行。中心站机房应选在电力供应稳定、网络通信可靠、交通条件便利、避雷接地良好的建筑物内,并远离产生粉尘、油烟、有害气体以及生产或贮存具有腐蚀性、易燃、易爆物品的工厂、仓库和堆场等场所。站址周围应无强震源、强噪声源和强电磁场干扰,以确保中心站设备的正常运行和数据的准确传输。

3.2.3.4 监测技术方案

生态流量实时监测技术方案应根据监测站点条件及生态流量监测要求制定。

不同类型泄放设施的生态流量实时监测应符合下列规定。

1.发电机组下泄生态流量

发电机组下泄生态流量形式，可采用水轮机组发电流量计算公式换算为生态流量。

水轮机组发电流量应按式(3-1)计算：

$$Q_i=\frac{N}{gH\eta} \tag{3-1}$$

式中 Q_i——第 i 台水轮机组发电流量，m^3/s；

N——单台发电机功率，kW；

g——重力加速度，m/s^2；

H——发电水头，m；

η——发电效率系数。

对于通过生态小机组或基荷发电形式下泄的生态流量，应通过提取水轮发电机组实时出力数据及监测坝前实时水位，利用式(3-1)将其转换为实时生态流量数据。

2.生态流量泄放管及生态流量泄放洞

对于生态流量泄放管及生态流量泄放洞，可在泄放管或泄放洞末端设置流量计监测实时生态流量。

3.生态泄水闸

对于生态泄水闸，可采用闸门流量计算公式换算为生态流量。

(1)通过生态泄水闸下放的生态流量应按式(3-2)~式(3-5)计算：

①底坎为宽顶堰的自由出流，当 $\frac{e}{h}$ 不大于0.65时，应按式(3-2)、式(3-3)计算：

$$Q_i=\mu be\sqrt{2gh} \tag{3-2}$$

$$\mu=0.60-0.176\frac{e}{h} \tag{3-3}$$

式中 Q_i——第 i 孔闸门的泄流流量，m^3/s；

μ——流量系数；

b——闸门宽度，m；

e——闸门开度,m;

g——重力加速度,m/s^2;

h——闸前水深,m。

②底坎为宽顶堰的淹没出流,应按式(3-4)计算:

$$Q_i = \sigma_s \mu be\sqrt{2gh} \tag{3-4}$$

式中　σ_s——淹没系数。

③底坎为曲线实用堰的闸孔出流,应按式(3-5)计算:

$$Q_i = \mu be\sqrt{2gh'} \tag{3-5}$$

式中　h'——堰顶水深,m。

(2)对于通过生态闸下放的生态流量,可在生态闸设置闸门开度仪,通过实时监测闸门开度及闸前水位,利用式(3-2)~式(3-5)将其转换为实时生态流量数据。

下游影响河段及环境敏感目标的生态流量监测应满足下列要求:

(1)对于电站下游有水文测站分布且区间无较大支流汇入的情况,为了高效利用现有资源并避免重复建设,可依托现有水文测站的监测设施来布设生态流量监测站点。这些水文测站通常已经具备了较为完善的监测设备和数据采集系统,能够提供准确、连续的水文数据。因此,在这种情况下,应通过对现有水文测站进行必要的改造或升级,使其满足生态流量监测的需求。具体而言,可以在现有测站的基础上增加生态流量监测的传感器和数据采集模块,或者调整监测设备的布局和参数,以确保能够准确捕捉到电站下游的生态流量变化。

(2)对于电站下游有鱼类重要栖息地、水生生物保护区或重要湿地分布的情况,由于这些区域对生态流量的变化极为敏感,因此需要在其上边界处布设监测站点。这样设置的目的是及时监测到电站下游生态流量的变化,并评估这些变化对鱼类重要栖息地、水生生物保护区或重要湿地的影响。在布设监测站点时,应充分考虑监测断面的代表性,选择能够反映整个区域生态流量状况的断面进行监测。同时,还需要注意监测站点的安全性和可访问性,确保监测设备能够长期稳定运行,并且方便维护和管理。

(3)对于电站下游有重要取水口分布的情况,为了保障取水口的供水安全和稳定性,应在取水口上游侧布设监测站点。这样可以实时监测到取水口上游的生态流量变化,为取水口的调度和管理提供科学依据。在布设监测站点时,需要充分考虑取水口的取水需求和供水保证率,选择合适的监测断面和监测设备。同时,还需要与取水口的管理单位进行充分沟通,确保监测站点的布设不会影响到取水口的正常运行。

(4)在进行河道生态流量监测时,应根据河流特点及监测断面地形条件,选用合适的监测方法。常用的监测方法包括水位流量关系法、流速仪法、声学时差法、声学多普勒法、雷达波法等。这些方法各有优缺点,应根据实际情况进行选择。例如,对于河宽较大、水深较深的河流,可以选择声学多普勒法或雷达波法进行监测;对于河宽较小、水深较浅的河流,可以选择流速仪法或声学时差法进行监测。同时,水位观测应符合《水位观测标准》(GB/T 50138—2010)的有关规定;流量测验应符合《河流流量测验规范》(GB 50179—2015)的有关规定。生态流量监测频次宜每小时采集 1 次数据。

3.2.3.5 通信组网

通信组网在生态流量实时监测系统中扮演着至关重要的角色,它负责保证系统安全、可靠、准确、及时地传输监测数据,确保遥测站与中心站之间的信息畅通无阻。通信组网的设计内容涵盖了多个方面,主要包括通信方式的选择、信道的测试、系统通信组网方案的制定,以及工作体制与通信信道技术指标的确定。

在通信组网的设计过程中,首先应对遥测站的通信环境条件进行全面分析。这包括考察遥测站所处的地理位置、周围环境的电磁干扰情况、通信基础设施的完善程度等。基于这些分析,再结合系统建设和运行的技术经济指标进行综合比较,最终确定最适合的系统通信方式与组网方案。这一过程需要充分考虑通信的稳定性、可靠性、经济性及未来的可扩展性。

为了确保监测数据的可靠传输,遥测站应采用主、备信道双重保障机制。主信道作为日常数据传输的主要通道,而备信道则在主信道出现故障或异常时立即启用,以确保数据的连续性和完整性。这种设计可以有效避免单一信道故障导致的数据丢失或传输中断问题。

在数据传输信道的选择上,应优先考虑误码率低、信号强度高的通信方式。误码率是衡量数据传输准确性的重要指标,低误码率意味着数据传输过程中出错的可能性更小。同时,信号强度高则能确保数据在传输过程中不易受到干扰或衰减,从而提高数据传输的可靠性和稳定性。

通信组网方式的选择具有多样性,可以根据实际情况选择数字移动通信、卫星通信、超短波通信,以及 Wi-Fi 通信等方式。这些通信方式各有优劣,数字移动通信覆盖范围广、通信质量高;卫星通信不受地域限制,适用于偏远地区;超短波通信设备简单、成本较低;Wi-Fi 通信则便于在局部区域内实现高速数据传输。在实际应用中,可以根据需要采用单一通信方式或混合通信组网方式,以充分发挥各种通信方式的优势。

工作体制的确定应遵循经济合理、便于维护的原则。根据系统功能要求、通信方式与组网方案、管理维护能力等因素，可以选择自报式、应答式或混合式工作体制。自报式工作体制适用于数据变化不频繁、对实时性要求不高的场景；应答式工作体制则能在中心站需要时及时获取遥测站的数据；混合式工作体制则结合了自报式和应答式的优点，既保证了数据的实时性，又提高了系统的灵活性。

通信信道技术指标是确保通信质量的重要保障。应优先选择公共通信网和已建专用通信网等现有通信信道组网，以满足数据传输速率和可靠性的要求。在选择通信方式时，应参照相关标准设置备用信道，以确保在主信道出现故障时能够迅速切换至备用信道。对于主要通信方式的数据传输信道误码率，应严格按照表 3-2 的规定执行。同时，在监测站点进行主、备信道质量测试也是必不可少的环节，以确保遥测站与中心站之间的信息传输成功率不低于 98%。对于采用超短波通信组网的场景，电路余量应大于 10 dB，以进一步提高通信的稳定性和可靠性。

表 3-2　主要通信方式数据传输信道误码率

信道	数字移动通信	卫星	超短波
误码率	$\leqslant 1\times10^{-6}$	$\leqslant 1\times10^{-6}$	$\leqslant 1\times10^{-4}$

3.2.3.6　电源及过电压保护与接地

在系统设计中，电源的设计是至关重要的一环，它直接关系到整个系统的稳定运行和设备的正常工作。对于直流供电部分，宜采用 12 V 的直流电压，这一电压等级既能够满足大多数用电设备的需求，又能够在保证安全的前提下，减少电能损耗。同时，电压的变化范围和纹波电压也必须严格控制，以确保用电设备的稳定运行。具体来说，电压波动应控制在-15%～+20%，这样可以有效避免因电压波动过大而对设备造成损害。此外，直流电源的供电稳定性和可靠性也是设计中需要考虑的重要因素。对于交流供电部分，应采用频率为 50 Hz、电压为 220 V 的单相电源。这是因为大多数电气设备都是按照这一标准设计的，使用这样的电源可以确保设备的兼容性和正常运行。同时，交流电压的波动也应控制在±10%以内，以减小对设备性能的影响。为了实现这一目标，可能需要在电源输入端加装稳压设备，如交流稳压器等，以确保电压的稳定输出。中心站作为系统的核心部分，其电源供应的可靠性尤为重要。因此，中心站应采用不间断电源（UPS）供电方式。不间断电源及蓄电池的容量应根据设备用电情况和当地交流电源的可靠程度来确定，以确保在交流电源中断时,通信接收服务器能够正常运行不少于8 h。这样可以有效避免因电源中断而导致的系统中断,提高系统的可靠性和稳定性。由于遥测站通常位于偏远地区,其电源供应相对困难,因此遥测站的电源应采用太阳能光板对蓄电池浮充供电的方式。这种方式既环保又节能,而且能够在无日照的情况下,通过蓄电池储存的电能来保证设备的正常运行。同时,蓄电池应采用免维护蓄电池,以减少维护成本和提高系统的可靠性。免维护蓄电池的容量应满足连续45 d无日照情况下的工作要求,以确保遥测站在恶劣环境下的正常运行。

在过电压保护和接地措施方面,各种设备的保护接地、工作接地、建筑物的防雷接地及工频交流供电设备的接地宜采用联合接地方式,这种方式可以有效避免不同接地系统之间的电位差对设备造成损害。同时,中心站和遥测站的接地电阻应分别不大于5 Ω和10 Ω,以确保接地的良好性和有效性。此外,遥测终端机的通信接口应采取光电隔离措施,以防止因雷电或电磁干扰而导致的通信故障。在馈线进入通信终端机之前,宜加装避雷装置,以进一步提高系统的防雷能力。对于交流电源供电的情况,宜加装隔离变压器、浪涌吸收器、交流稳压器等设备,以减小电源中的谐波和干扰对设备的影响,确保系统的稳定运行。通过这些措施的实施,可以有效提高系统的过电压保护能力和接地可靠性,保障系统的正常运行和设备的安全。

3.2.3.7 遥测站设备配置

遥测站设备配置是确保监测数据准确、及时传输的关键环节,其配置应全面考虑实际需求、技术可行性及经济成本。遥测站的核心设备主要包括传感器、遥测终端、通信设备和供电系统。在配置设计过程中,需从设备成本、使用寿命、类型等多个维度进行综合比较,确保所选设备不仅满足当前的技术要求,还具备一定的前瞻性和可扩展性。在必要时,为了增强系统的可靠性和稳定性,应配置冗余备份设备,以应对可能出现的设备故障或数据丢失情况。

遥测站设备配置应遵循一系列明确的规定。首先,应根据系统遥测站网、通信、电源等前期设计成果,科学合理地确定测站主要设备的技术指标与数量。这一步骤是确保设备配置与整体系统架构相协调、相匹配的基础。其次,所有设备均应经过国家授权质检机构的严格认证,以确保其质量可靠、性能稳定,符合相关标准和规范的要求。再次,传感器的输入、输出、通信接口必须与遥测终端相匹配,确保数据能够准确、无误地传输和处理。最后,遥测站设备应能在站址环境条件下正常工作,对于极端温度或湿度等不利环境条件,应采取必要的辅助手段,如安装防护罩、加热装置或除湿设备等,以保证设备的正常运行和长期稳定性。

遥测终端机作为遥测站的核心设备之一,其功能和技术指标对整个系统的性能有着至关重要的影响。在功能方面,遥测终端机应具备自动数据采集、存储、远程传输和电源管理等多重功能,同时还应支持扩展传感器接口、通信接口和软件升级,以满足未来可能的技术升级和扩展需求。此外,遥测终端机还应具备定时报送信息的功能,能够按照预设的时间间隔自动发送监测数据,确保数据的时效性和准确性。在参数设置方面,遥测终端机应支持现场或远程设置参数,方便用户根据实际需求进行调整和优化。在传感器接口方面,遥测终端机应支持 4~20 mA、0~5 V、SDI-12、RS485/RS232、单总线等多种接口的传感器,以满足不同类型传感器的接入需求。在通信接口方面,遥测终端机应具有 2 个及以上通信接口,并支持多种无线通信信道,以提高通信的可靠性和灵活性。此外,遥测终端机还应具备自检功能,能够实时监测自身的工作状态,并发送工况信息至中心站,以便及时发现并处理故障。同时,遥测终端机还应支持人工置数和数据发送功能,方便用户在必要时进行手动干预和数据校验。在数据存储方面,遥测终端机应具备可固态存储 1 年以上监测数据的功能,且固态存储数据应支持中心召测功能,以满足长期数据保存和随时调用的需求。

除了功能要求,遥测终端机的技术指标也是衡量其性能的重要指标之一。首先,工作电压宜采用直流 12 V,以确保设备的低功耗和稳定性。其次,工作电流应不大于 100 mA,以减少能耗和延长设备使用寿命。在静态值守电流方面,自报式遥测终端机应不大于 3 mA,应答式和混合式遥测终端机应不大于 15 mA,以满足不同应用场景的需求。年时钟误差应小于 2.5 min,以确保监测数据的时序准确性和一致性。最后,平均故障间隔时间(MTBF)应不小于 25 000 h,以确保设备在长期运行过程中具有较高的稳定性和可靠性。

传感器作为遥测站的重要组成部分,其性能指标直接影响着监测数据的准确性和可靠性。以水位传感器为例,其测量范围应为 0~40 m,以满足不同水位监测点的需求。分辨力应小于或等于 1.0 cm,以确保监测数据的精细度和准确性。在最大允许误差方面,当水位变幅小于或等于 10 m 时,最大允许误差应为 3 cm;当水位变幅大于 10 m 时,最大允许误差应为水位变幅的 0.3%。这样的误差范围可以确保监测数据在实际应用中的可用性和准确性。此外,水位传感器的平均故障间隔时间(MTBF)也应大于或等于 25 000 h,以确保其在长期运行过程中的稳定性和可靠性。类似的,流速传感器和闸位传感器也应满足相应的技术指标要求。流速传感器的测量范围应为 0.01~10 m/s,分辨力应小于或等于 1.0 cm/s,最大允许误差应为 1%,平均故障间隔时间(MTBF)应大于或等于25 000 h。闸位传感器的测量范围、分辨力、最大允许误差和可靠性等指标也应根据实际需求进行具体设定,以满足不同闸位监测点的需求。

通信设备作为遥测站与中心站之间的桥梁和纽带,其性能直接影响着监测数据的传输效率和可靠性。通信终端作为通信设备的核心部件之一,其接口应满足通信功能技术要求,确保与遥测终端和中心站之间的顺畅通信。工作电压宜采用直流 12 V,以与遥测终端等设备的供电电压相协调。平均故障间隔时间(MTBF)应大于或等于 25 000 h,以确保通信设备在长期运行过程中的稳定性和可靠性。此外,通信设备还应具备良好的抗干扰能力和防雷击能力,以确保在恶劣天气条件下仍能正常工作并传输准确的监测数据。

3.2.3.8 中心站数据处理系统

中心站作为生态流量实时监测系统的核心枢纽,其配置至关重要,需涵盖通信设备、计算机、网络设备和供电系统等多个方面。中心站数据处理系统的设计需紧密围绕生态流量监测系统的实际需求,确保数据的高效、准确处理。该系统主要包括数据接收、存储、查询、告警等功能软件,以及支撑这些功能运行的系统软件,同时还需要配备相应的中心站系统硬件设备。

在数据接收方面,系统应具备自动接收数据报文的能力,并能够对接收到的数据进行校验解码,确保数据的完整性和准确性。这一环节是数据处理的基础,任何数据的错误或遗漏都可能对后续的分析和决策产生重大影响。因此,系统在设计时需充分考虑通信协议的兼容性、数据格式的规范性及校验解码算法的可靠性。

数据存储是中心站数据处理系统的另一项核心功能。系统应能自动将接收并校验解码后的数据存储入库,并进行备份,以防止数据丢失或损坏。生态流量监测数据的存储代码应遵循统一的规定,如表 3-3 所示。

表 3-3 生态流量监测数据存储代码

序号	字段名	标识符	类型及长度	有无空值	计量单位	主键索引序号
1	测站编码	STCD	C(8)	N	—	1
2	时间	TM	TIME	N	—	2
3	发电出力	GP	N(8)	—	kW	—
4	闸门开度	GTHT	N(4,2)	—	m	—
5	水位	Z	N(6,2)	—	m	—
6	流速	V	N(4,2)	—	m/s	—
7	生态流量	EQ	N(9,3)	—	m^3/s	—

数据查询是中心站数据处理系统的重要功能之一。系统应支持用户根据特定条件查询历史数据,并能够将查询结果以图表方式呈现,如折线图、柱状图、饼图等。这种直观的呈现方式有助于用户更好地理解数据的变化趋势和规律。此外,系统还可以采用基于 GIS 的查询方式,将监测数据与地理信息相结合,使用户能够更直观地了解监测点的地理位置和周边环境。

告警功能是中心站数据处理系统不可或缺的一部分。当中心站通信设备自检异常或测站工况异常时,系统应能够及时发出告警信息,提醒相关人员进行处理。告警信息可以通过短信、微信推送等方式发送给指定人员,确保信息的及时传达和处理。

除上述功能外,系统还应预留信息交换接口,以便与其他信息系统进行数据交换和共享。这有助于实现生态流量监测数据的跨系统、跨领域应用,提高数据的使用价值和效率。

在中心站硬件设备配置方面,首先需要确保设备满足数据处理系统的功能要求。计算机网络安全防护隔离措施应符合相关安全防护要求,防止数据泄露或被非法访问。具体来说,数据接收通信设备应根据监测站的通信方式确定,确保与监测站之间的通信畅通无阻。数据处理服务器宜采用高可靠的工业控制计算机或商用服务器,以确保数据处理的稳定性和可靠性。数据处理服务器的内存、硬盘容量、时钟频率、信息交换速度等性能指标应满足在线存储数据量和系统数据处理响应速度的要求。同时,为了防止单点故障导致的数据处理中断,数据处理设备应具有备份机制。

设备配置还需遵循一系列具体规定。首先,数据处理系统应进行可靠性设计,宜配置独立的数据库服务器和灾备数据库服务器,以确保数据的安全性和可用性。当与其他信息系统联网时,应配置隔离装置、防火墙等安全防护设备,防止外部攻击和非法访问。其次,数据接收应进行系统设计,确定数据接收设备,并配置备份设备,以应对设备故障或数据丢失的情况。同时,为了确保数据接收设备的稳定供电,应配置 UPS 电源。在计算机网络方面,应进行逻辑结构设计,确定工作站、服务器、交换机、路由器等设备的配置和连接方式。此外,还应根据系统应用要求,确定打印机、投影仪、大屏显示、机房视频监视等外围设备的配置,以满足不同场景下的使用需求。

中心站设备的工作环境条件也是需要考虑的重要因素。为了确保设备的正常运行和延长使用寿命,中心站设备的工作环境条件应满足温度为 18~28 ℃和相对湿度为 40%~70%的要求。当不能满足此要求时,应采取辅助手段,如安装空调、加湿器或除湿机等设备,以保证设备在适宜的环境下工作。

在中心站软件配置方面，数据处理软件应包括系统软件和应用软件两部分。系统软件应满足系统功能需求，配置操作系统、数据库管理系统、基本办公软件、常用编程软件、防病毒与防非法访问软件等必要的系统软件，并确定系统软件的名称、版本与数量。应用软件配置则应包括测站管理、通信管理、数据接收处理、数据入库存储、实时监视告警、远程数据召测、远程参数设置、数据编辑查询、资料整编与报表、数据传输与交换、信息发布等软件功能模块。这些功能模块共同构成了中心站数据处理系统的核心，确保了数据的准确接收、高效处理、便捷查询和及时告警，为生态流量监测提供了有力的技术支持。

3.2.3.9 监测设施

监测设施的设计是水电工程生态流量实时监测系统建设的重要环节，其技术指标和要求需明确且具体。在设计过程中，应充分考虑系统监测的实际需求，拟定出合理的监测设施项目和规模。工程内容方面，应结合当地的自然条件、地理环境及现有设施状况，进行科学合理的规划。遥测站作为监测系统的关键组成部分，宜采用一体化结构，以提高其集成度和稳定性。监测设施应包括测站基础、安全围栏、交通便道、标识牌等项目，确保监测站点的安全、便捷和可识别性。对于有测井的遥测站，还应提出测井、仪器站房、栈桥、进水管等土建设施的基本要求，以满足监测设备的安装、运行和维护需求。此外，遥测站的抗风设计也是不可忽视的一环，应依据当地的气象条件，按照 15 年一遇的 10 min 平均最大风速数值进行换算，确定基本风压，确保遥测站在恶劣天气条件下的稳定运行。中心站机房作为数据处理和存储的核心区域，应具备防雷、防火、防静电等功能，确保机房内设备的安全和数据的完整性。

3.2.3.10 设计成果

水电工程生态流量实时监测系统的设计成果应全面、详细且规范。系统设计报告是设计成果的核心部分，应全面阐述系统设计的理念、原则、方法和技术路线，明确系统的功能、性能和技术指标。监测技术要求一览表则应详细列出监测设施的技术要求和参数，为设备选型和采购提供依据。工程量清单、设备清单是系统建设和实施的基础，应准确无误地列出所需材料和设备的种类、规格和数量。数据储存代码表是数据管理和分析的重要工具，应明确规定数据的存储格式、编码规则和命名方式。投资概算表则是系统建设和运营的经济基础，应合理估算系统的建设成本和运营成本。此外，系统总体布局图、系统平面布置图、典型断面设计图、数据传输拓扑结构图、管理体系图等图纸也是设计成果的重要组成部分，应直观、清晰地展示系统的整体结构和各部分之间的关联关系，为系统的建设和实施提供有力的支撑。

3.2.4　系统建设

3.2.4.1　监测设施施工

监测设施的施工是水电工程生态流量实时监测系统建设的关键环节之一。在施工前,必须进行实地的详细查勘,以全面了解施工现场的地形、地质、水文等条件,为后续的施工组织方案制定提供准确依据。施工组织方案应明确施工的目标、任务、方法、步骤、时间节点,以及人员、设备、材料的配置等,确保施工的顺利进行。在进场施工准备工作完成后,应组织专业的施工队伍进行监测设施的施工。在施工过程中,应严格按照施工图纸和技术规范要求进行,确保施工质量。同时,应加强施工现场的安全管理,做好安全防护措施,确保施工人员的安全。监测设施工程完工后,应进行全面的验收工作。验收内容应包括监测设施的完整性、准确性、可靠性及是否符合设计要求等。验收合格后,方可进入下一阶段的设备集成及安装调试工作。

3.2.4.2　设备集成及安装调试

设备集成及安装调试是监测系统建设的重要环节,也是确保系统正常运行的关键步骤。在监测设施和设备验收合格后,应进行设备的集成工作。在设备集成过程中,应严格按照设备使用手册或产品说明书的要求进行,确保设备的正确连接和配置。设备集成完成后,应开展相关的测试及模拟运行,以验证设备的性能和功能是否满足设计要求。设备检查是设备集成及安装调试过程中必不可少的一环,应包括机械检查和电气性能检查。机械检查主要检查设备的外观、结构、零部件等是否完好、无损,安装是否牢固可靠;电气性能检查则主要检查设备的电气参数、性能指标等是否符合要求。在必要时,还应进行测试和联机调试,以确保设备的正常运行和相互之间的协调配合。在设备安装过程中,应做好设备的紧固和防水处理等工作,防止设备在使用过程中出现松动或进水等问题。同时,应检查设备各项参数设置是否正确,测试设备运行情况是否良好。设备安装调试完成后,应记录安装调试过程,编制系统安装调试报告,为后续的系统验收和运行管理提供依据。

3.2.4.3　软件应用与管理

软件是监测系统的灵魂,其质量和性能直接影响系统的整体效果和运行效率。因此,在软件应用与管理方面,应遵循标准化、规范化的原则,确保软件的设计、编码、通信规约和文档编制等方面都符合相关规定和要求。软件应能实现设计方案提出的相应功能,满足监测系统的实际需求。在软件设计过程中,应采用面向对象的程序设计方法和容错设计技术,进行通用类的归纳、封装和接口调用,提高软件的复用性和可维护性。同时,软件应具备可靠性高、信息安全、操作方便、易维护和可扩展的特点，以适应监测系统长期运行和不断升级的需求。为了确保软件的质量和性能，还应进行严格的软件测试和验证工作，包括功能测试、性能测试、安全测试等，确保软件在实际运行中能够稳定、可靠地工作。

3.2.4.4 验收

系统设备安装调试完成后，应开展试运行工作。试运行时间不应少于3个月，以充分验证系统的性能和稳定性。在试运行期间，应密切关注系统的运行状态和性能指标，及时发现并处理可能出现的问题。试运行结束后，应由建设单位组织系统验收工作。验收材料应包括系统设计报告、合同文件、系统安装调试报告、系统建设报告、系统试运行报告等文件，以全面反映系统的建设过程和运行情况。在系统验收过程中，应对系统的功能和技术性能及其符合性作出评价，提出系统运行管理的建议和改进措施。验收合格后，方可正式投入运行使用。同时，建设单位应建立完善的系统运行管理制度和维护机制，确保系统的长期稳定运行和有效发挥监测作用。

3.2.5 系统运行管理和维护

3.2.5.1 管理体系

系统运行管理和维护是确保水电工程生态流量实时监测系统长期稳定运行和有效发挥监测作用的关键环节。为了保障系统的正常运行，必须制定一套完善的管理制度和规程，明确系统运行管理和维护的职责、流程、标准和要求。这些制度和规程应涵盖系统的日常运行、维护保养、故障处理、数据管理和安全保密等方面，确保系统的各项工作都有章可循、有据可查。同时，系统运行管理和维护还应配备熟练的专业技术人员，应具备扎实的专业知识和丰富的实践经验，能够熟练掌握系统的操作和维护技能，及时发现并处理系统运行过程中出现的问题。通过建立健全的管理体系和配备专业的技术人员，可以确保系统的正常运行和监测数据的准确性与可靠性。

3.2.5.2 设施与设备维护

监测设施与设备的维护是系统运行管理和维护的重要组成部分，直接关系到系统的性能和稳定性。为了保障监测设施与设备的正常运行，值班人员应实时监视系统的工作状况，一旦发现异常或问题，应尽快采取措施予以解决，确保系统的连续性和稳定性。对于遥测站等关键设施，应安排专人进行看管，防止人为破坏或意外事故的发生。同时，应定期对监测系统进行巡检，对遥测站设施和设备的运行状态进行全面检查和测试，及时发现并排除故障，更换存在问题的部件，确保系统的正常运行。此外，还应开展河道监测断面的复核工作，每个水文年至少进行 1 次，以确保监测数据的准确性和可靠性。对于生态流量监测仪器设备，也应定期进行校准，每个水文年至少进行 1 次，以确保监测数据的准确性和一致性。在日常维护中，应保持机房环境整洁，维护系统的工作环境，防止灰尘、湿气等不利因素对系统的影响。同时，还应根据监测系统的运行情况开展不定期检查，及时发现并处理潜在的问题。对于设施与设备的运行和维护情况，应详细记录并归档，以便后续的分析和总结。当系统在正常维护下总体性能明显下降时，应对设备进行分类更换或者总体改造，以提升系统的性能和稳定性。

3.2.5.3　资料管理

资料管理是系统运行管理和维护的重要环节，对于保障系统的长期稳定运行和有效发挥监测作用具有重要意义。为了加强资料管理，应建立系统建设和运行管理档案，详细记录遥测站和中心站的基本情况、设备运行情况、设备设施维护维修记录、管护人员联系方式等内容。这些档案应作为系统运行管理和维护的重要依据，确保系统的各项工作都有据可查。同时，系统运行管理和维护人员应每年对生态流量监测数据进行资料整编，编制系统运行年度报告，全面总结系统一年来的运行情况、监测成果和存在的问题，为后续的系统运行管理和维护提供参考。此外，系统运行管理和维护人员还应按档案管理规定要求，对系统总体设计报告、系统安装调试报告、系统建设报告、系统试运行报告、验收文件、生态流量监测年度报告、河道监测断面复核记录、仪器设备校准记录、运行和维护情况记录，以及相关合同、任务书、鉴定意见书等进行整理归档。这些档案应作为系统的重要历史资料，长期保存并备查，为系统的后续发展和改进提供有力支撑。

3.3　安全监测技术

3.3.1　安全监测变形感知技术

3.3.1.1　加速度-三维坐标-姿态耦合变形算法

加速度-三维坐标-姿态耦合变形算法的研发，为阵列式位移计实现实时变形监测提供了技术支撑。阵列式位移计为一体化设计，在现场安装时，仅需将装有传感器测量单元的钢管固定于隧洞拱顶处，且仅需一条通信线缆从端口直接引出。每个传感器测量单元的长度固定，内置加速度传感器，装置通过计算将数据转换成每个测量单元的三维角度，进而确定整个装置在三维空间中的姿态。该装置只需沿隧洞拱顶安装，无须严格控制在与隧洞垂直的平面内,即可测量隧洞断面的变形情况。阵列式位移计在隧洞中的应用方法如图3-1所示。

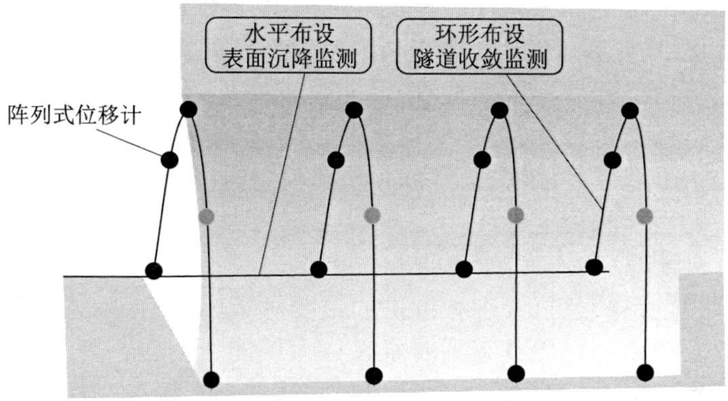

图3-1 阵列式位移计在隧洞中的应用方法

通过阵列式位移计实现隧洞断面变形的实时自动测量方法如下:

步骤一:将多个传感器测量单元以柔性关节串联后悬吊于隧洞内壁,各测量单元的通信模块通过控制器局域网(controller area network,CAN)总线通信线缆依次串联,首个传感器测量单元与数据采集器相连。

步骤二:数据采集器向各测量单元的微处理器发送控制指令,微处理器控制其连接的加速度传感器采集模块测量 X、Y、Z 三个轴上的加速度值 A_{XOUT}、A_{YOUT}、A_{ZOUT},微处理器根据这三个加速度值计算出加速度传感器采集模块三个轴与重力矢量之间的夹角 θ、ψ、φ。

步骤三:每个传感器测量单元预先按顺序编址,根据自身的设备号,通过CAN总线的方式分时输出其三个轴与重力矢量之间的夹角。

步骤四:数据采集器或上位机根据各传感器测量单元报送的角度值,计算出各测量单元末端点的坐标,进而得到整个装置的三维图形及其在隧洞断面平面内的投影。

步骤五:装置安装完毕后,首次报送的坐标值作为整个装置的初始值,后续报送的数据作为实时监测数据,用于实时监测装置的三维图形及其在隧洞断面平面内投影的变化,从而监测隧洞断面的变形情况。

各个传感器测量单元的微处理器不计算传感器在三维图形中的坐标,而是单独确定加速度传感器采集模块每条轴与参考位置之间的夹角。参考位置选择器件的重力场(1g 场)。A_{XOUT}、A_{YOUT}、A_{ZOUT}三个值是加速度传感器采集模块的输出值,表示加速度传感器采集模块在 X、Y、Z 三个轴上的输出加速度(见图3-2)。

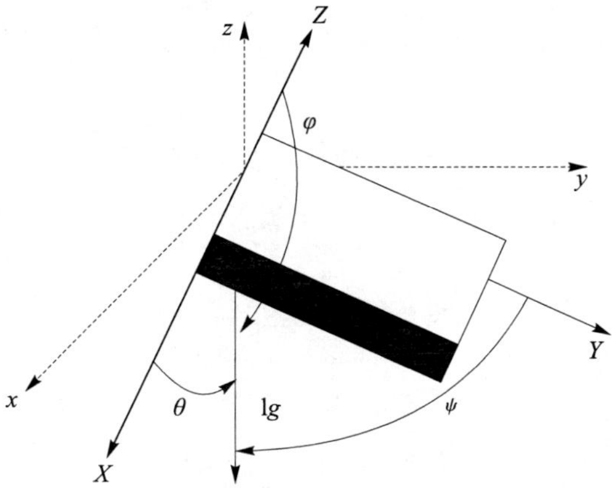

图 3-2　每个传感器测量单元的三轴角度示意

加速度传感器采集模块将三个加速度输出给微处理器,微处理器根据所述三个加速度计算出加速度传感器采集模块三个轴与重力矢量(1g 场)间的夹角 θ、ψ、φ。其中,θ 表示加速度传感器采集模块的 X 轴与重力矢量(1g 场)之间的夹角,ψ 表示加速度传感器采集模块的 Y 轴与重力矢量(1g 场)之间的夹角,φ 表示加速度传感器采集模块的 Z 轴与重力矢量(1g 场)之间的夹角。计算公式如下:

$$\theta=\cos^{-1}\left(\frac{A_{XOUT}}{\sqrt{A_{XOUT}^2+A_{YOUT}^2+A_{ZOUT}^2}}\right) \tag{3-6}$$

$$\psi=\cos^{-1}\left(\frac{A_{YOUT}}{\sqrt{A_{XOUT}^2+A_{YOUT}^2+A_{ZOUT}^2}}\right) \tag{3-7}$$

$$\varphi=\cos^{-1}\left(\frac{A_{ZOUT}}{\sqrt{A_{XOUT}^2+A_{YOUT}^2+A_{ZOUT}^2}}\right) \tag{3-8}$$

当加速度传感器采集模块的 X、Y、Z 轴与空间的 x、y、z 三个轴重合时,空间的 x、y、z 三个轴指的是图 3-2 中虚线位置,θ、ψ、φ 的角度依次为 90°、90°、180°。每个传感器测量单元将通过 CAN 总线方式输出三个角度值到数据采集器及上位机,整个装置的三轴坐标计算方法如下。

每个传感器测量单元的角度依次是$(\theta_1,\psi_1,\varphi_1)$,$(\theta_2,\psi_2,\varphi_2)$,…,$(\theta_i,\psi_i,\varphi_i)$,由于柔性关节的长度固定,相对于传感器测量单元的长度,其长度较短且在安装过程中弯曲角度较小,在实际计算时,把柔性关节长度拟合成传感器测量单元的一部分,拟合的示意如图 3-3 所示。

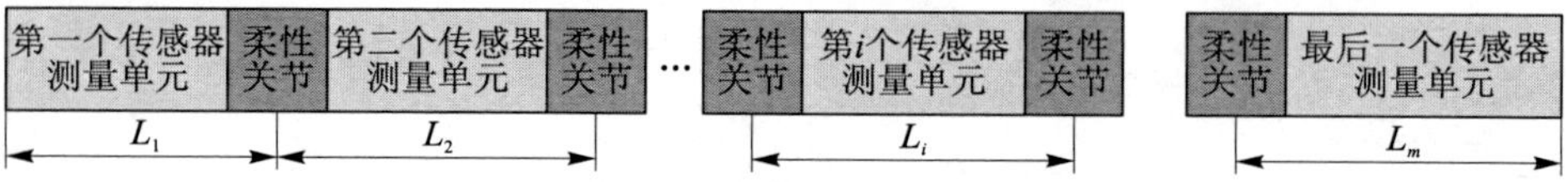

图 3-3 阵列式位移计的长度拟合示意

以第 1 个传感器测量单元的始端作为计算原点，计算出第 1 个传感器测量单元的末端点坐标：

$$(x_1, y_1, z_1) = L_1 \times (\cos\theta_1, \cos\psi_1, \cos\varphi_1) \tag{3-9}$$

$$L_1 = L_C + \frac{1}{2}L_R \tag{3-10}$$

式中 L_C——每个传感器测量单元的固定长度；

L_R——柔性关节的固定长度。

第 2 个传感器测量单元的末端点坐标为

$$(x_2, y_2, z_2) = [(x_1 + L_2 \times \cos\theta_2), (y_1 + L_2 \times \cos\psi_2), (z_1 + L_2 \times \cos\varphi_2)] \tag{3-11}$$

$$L_2 = L_C + L_R \tag{3-12}$$

第 i 个传感器测量单元的末端点坐标为

$$(x_i, y_i, z_i) = [(x_{i-1} + L_i \times \cos\theta_i), (y_{i-1} + L_i \times \cos\psi_i), (z_{i-1} + L_i \times \cos\varphi_i)] \tag{3-13}$$

$$L_i = L_C + L_R \tag{3-14}$$

最后一个传感器测量单元的末端点坐标为

$$(x_m, y_m, z_m) = [(x_{m-1} + L_m \times \cos\theta_m), (y_{m-1} + L_m \times \cos\psi_m), (z_{m-1} + L_m \times \cos\varphi_m)] \tag{3-15}$$

$$L_m = L_C + \frac{1}{2}L_R \tag{3-16}$$

这样就可以计算出整个装置的三维坐标。

3.3.1.2 基于线阵 CCD 的反馈式自适应调光及边缘侧分析技术

基于线阵电荷耦合器件(charge coupled device,CCD)的变形监测仪器，均融入了边缘侧分析技术。在启动事件策略时，仪器会进行环境量参数的识别与自动分析，依据现场状况及已测量的数据，智能地启动自适应调光机制或根据阈值报警机制自动调整时间策略，实现设备的智能化感知功能。

仪器所采用的微处理器芯片，通过 C 语言进行嵌入式编程。由于垂线坐标仪配备有数码管显示界面，需要实时采集当前垂线的位移值。因此，在确保按照设定的采集时间及通信指令进行采集触发的同时，还需持续进行实时数据采集，并通过数码管界面进行展示。采集指令主要包括线阵 CCD 采集模块的控制指令和 LED 灯的控制指令。为确保仪器测量的准确性，应防止两个轴的平行光相互干扰,两个轴的采集控制需交替进行。

微处理器通过输出时序和电平来控制线阵 CCD 采集模块。按照模块的时序要求,线阵 CCD 采集模块会输出固定时间长度且在一定范围内的电压信号。微处理器利用内置的模/数转换器(analog-to-digital converter,ADC),按时序对电压信号进行采集。每个时钟周期输出的电压对应线阵 CCD 每个像素点的感光值。通过对采集并保存的数据进行解析,可以判断被遮光的位置,从而准确定位垂线坐标仪的位移。

微处理器在上电时,会进行各项功能的初始化处理,采集和通信流程如图 3-4所示。在循环程序中,首先读取通信指令的标志位及设定采集时间的标志位;当读取到通信指令的标志位时,会按照通信指令执行相应的操作;当读取到设定采集时间的标志位时,会依次控制两个线阵 CCD 采集模块采集当前的数据,数据处理后按照自定义的数据格式进行存储;若未读取到任何指令,则会依次控制两个线阵 CCD 采集模块采集当前数据,但不进行存储,而是直接通过数据管进行显示。

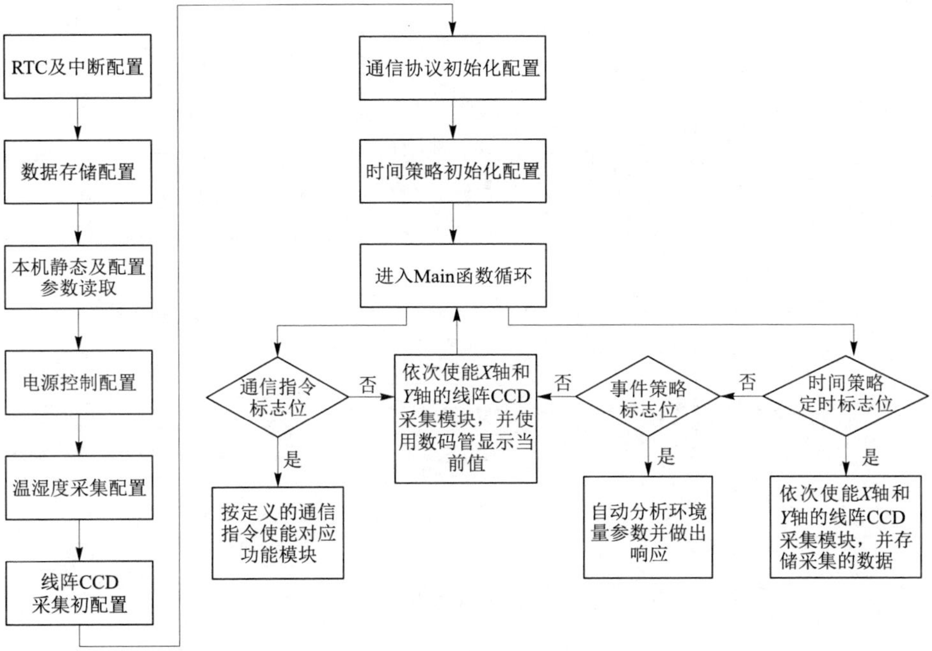

RTC(real-time clock)为实时时钟。

图 3-4　采集和通信流程

事件策略负责环境量参数的识别与自动分析，它依据现场实际情况及已测量的数据进行深入分析后，会智能地启动自适应调光机制，或根据预设的阈值报警机制自动调整时间策略，以实现设备的智能化感知功能。

微处理器的核心任务之一是对线阵 CCD 采集模块进行精准控制及高效处理采集到的数据。这一过程包括采集数据的细致分析、异常数据的有效过滤、阴影范围阈值的准确分析及确定、阴影数据的精心选定，以及范围均值的精确计算等多个关键步骤。通过这些步骤，可以准确确定垂线坐标仪单个轴的具体位置。对于另一个轴，采用相同的处理方式。但需要注意的是，两个轴的值在初步测量完成后，还需结合校准参数进行进一步计算，才能输出准确有效的结果。数据处理及分析流程如图 3-5 所示。

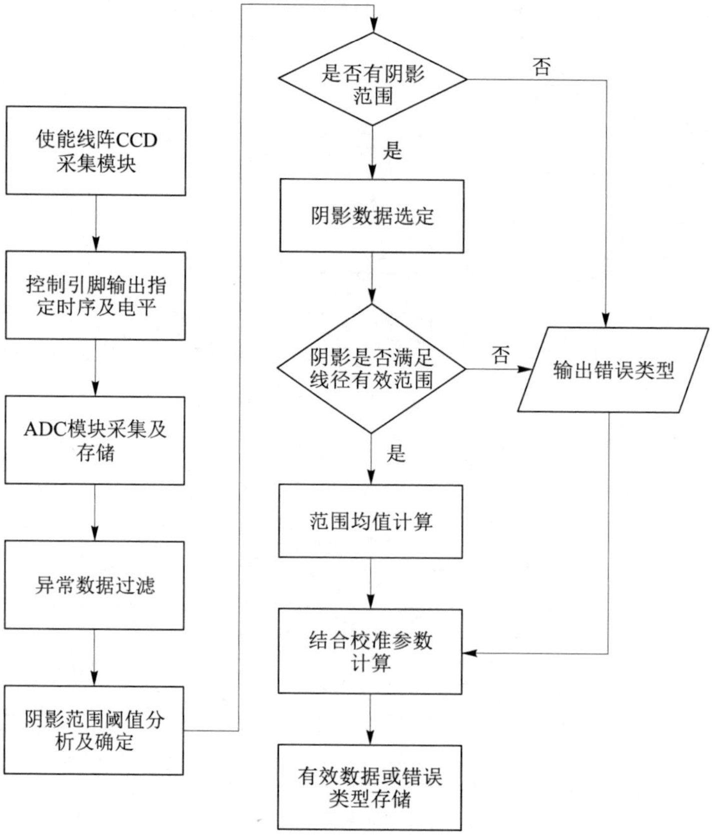

图 3-5　数据处理及分析流程

目前,大多数厂家在线阵 CCD 采集时采用 LED 灯作为光源,并通过滑动电阻来手动调节 LED 灯的光照强度。然而,由于 LED 灯出厂批次的不同,其适配的电阻值存在显著差异。在采用手动调节方式时,需要人工通过肉眼判断光照强度,这一过程既烦琐又复杂,高度依赖调试人员的经验。同时,还需要实时人工查看线阵 CCD 的采集值并进行核对,这不仅效率低下,而且误差范围较大,严重影响了仪器的测量精度。更为棘手的是,这种方法只能在设备安装前进行调节。一旦设备安装完毕,就难以再修改参数。当现场环境对平行光产生影响时,设备无法自动调整以适应新的环境条件。因此,传统线阵 CCD 引张线仪及垂线坐标仪在实际应用中常常出现测值不稳定、跳动明显等问题,这给后续监测数据的分析以及变形监测预警带来了极大的阻碍。

为了解决这一问题,本书提出了一种线阵 CCD 引张线仪和垂线坐标仪的自适应调光机制。该机制通过数字电位器、光源、透镜和线阵 CCD 传感器构成了一个反馈式自适应调光控制系统。光源通过透镜后产生平行光,微处理器则运用梯度分类、阈值判定、中值滤波等先进算法,对线阵 CCD 的像素点进行特征值提取和目标定位分析,从而自动识别光照强度,并控制数字电位器实现平行光光照强度的自动调节。基于线阵 CCD 的自适应调光示意如图 3-6 所示。

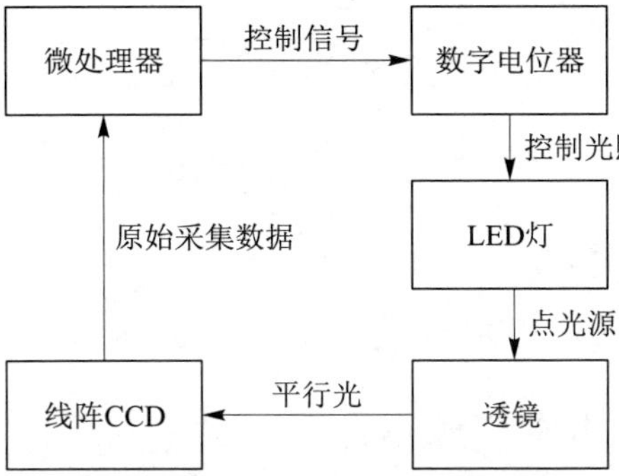

图 3-6　基于线阵 CCD 的自适应调光示意

本书选用了具有 2 592 个像素点的线阵 CCD 传感器。当平行光照射到线阵 CCD 上时,它会输出原始采集数据至微处理器,即每个像素点都会对应输出一个电压值。微处理器接收到这些原始数据后,会运用梯度分类、阈值判定、中值滤波等一系列算法进行计算,以深入分析线阵 CCD 各像素点的特征。基于这些分析结果,微处理器会动态地调整数字电位器的输出值,从而实现平行光光照强度的自动调节。微处理器自适应调光的程序流程如图 3-7 所示。

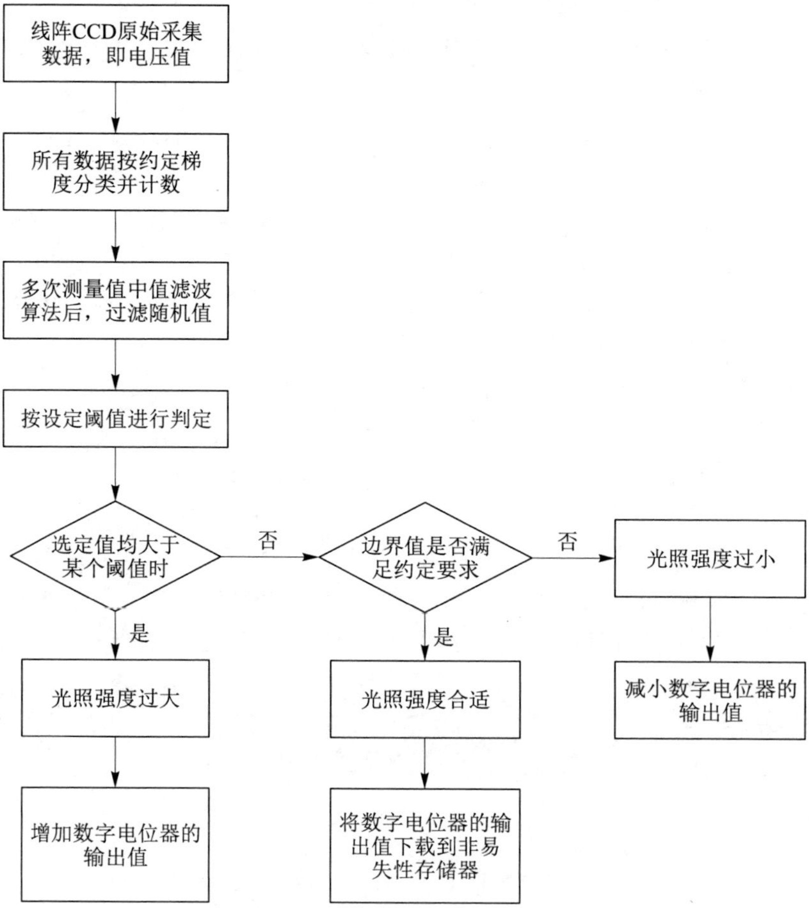

图 3-7 微处理器自适应调光的程序流程

3.3.2 安全监测采集及通信技术

3.3.2.1 基于谱分析的智能采集与工作状态鉴定技术

1.频率信号谱分析采集技术

目前,振弦信号的采集方法主要有两种:一种是计时采集方法,另一种是频谱分析方法。这两种方法各有其优缺点。计时采集方法精度高,且采集硬件相对简单,但其抗干扰能力较弱。而频谱分析方法对电路设计和软件算法的要求较高,但其抗干扰能力强。通过频谱分析方法,在采集信号频率的同时,还能测量埋入式振弦传感器的回波信号信噪比、衰减率等指标。

采集模块接收处理器模块发出的激振信号，经过激振电路对振弦仪器进行激发。振弦仪器被激发后，以固有频率发出回波信号。该回波信号经过放大和滤波电路后，进入采集电路。采集电路以指定频率进行采样录波，所采样的数据作为频谱分析方法的基础数据源。

频谱分析方法针对振弦仪器回波信号电压幅值的采样数据，运用离散傅里叶变换（discrete fourier transform，DFT）方法，得到 X 轴为频率、Y 轴为幅度的离散幅值谱。随后，通过谱插值算法进行插值，以提高测量精度，并计算出主频、主频幅值及信噪比。谱插值算法是一种对正弦波信号进行频率估计的算法。其中，Rife 算法是一种经典的频率估计算法，它通过对被测信号进行 DFT 或快速傅里叶变换（fast fourier transform，FFT）运算后，利用谱线及其相邻的一根次大谱线进行插值，来估计其真实频率位置。然而，当被测信号的真实频率处于两相邻量化频率之间的中心区域时，Rife 算法容易出现插值方向错误的问题，从而导致频率估计的误差。为此，本书引入了一种 M-Rife 算法，对 Rife 算法的插值方向进行修正。该算法的原理与步骤如下。

第 1 步：假设待检测样品数据为 $X=[x_1,x_2,\cdots,x_m,\cdots,x_n]$，采样点数为 N，采样率为 f_S，则最小频率间隔为 $\Delta f=f_S/\mathrm{N}$，对采样数据 X 进行 DFT，得

$$X(k)=\mathrm{DFT}[X(n)]=\sum_{n=0}^{N-1}X(n)W_N^{kn} \tag{3-17}$$

其中，$W_N=\mathrm{e}^{-j\frac{2\pi}{N}}$；$k=0,1,\cdots,N-1$。

第 2 步：对得到的每一个幅度谱坐标点的索引值进行编号：$1,2,\cdots,N$，找出幅度谱线绝对值最大值 P_m，其对应的坐标索引值为 m，邻近最大幅度谱线的次大值为 P_{m+1} 或者 P_{m-1}。幅度谱线次大值，不是在整个频谱内的第二大幅度谱线值，而是指紧邻最大幅度谱线值两侧的次大幅度谱线值，次大幅度谱线值对应的索引值为 $m+1$ 或者 $m-1$，则 $f_0=m\times\Delta f$。

第 3 步：当检测信号载频 f_C 是 $\Delta f=f_S/N$ 的整数倍或者两条幅度谱线距离相对较远时，频率估计值即为 $f_0=m\times\Delta f$；当检测信号载频 f_C 不是 $\Delta f=f_S/N$ 的整数倍或者两条幅度谱线距离比较近时，频率估计值就容易出现插值错误，就需对 Rife 算法的插值方向进行修正，即进入第 4 步。

第 4 步：当 $m=1$ 或者 $P(m+1)>P(m-1)$ 时，向最大幅度谱线值的右侧插值，插值方向标志 $r=1$；当 $m=-1$ 或者 $P(m+1)<P(m-1)$ 时，向最大幅度谱值的左侧插值，插值方向标志 $r=-1$。则插值估计频率为

$$f_e=\left[m+r\times\frac{P(m+r)}{P(m+r)+P(m)}\right]\times\Delta f \tag{3-18}$$

第 5 步:对现有的 Rife 算法进行修正,即对 f_e 判断是否位于 $\frac{1}{3}\Delta f \leqslant |f_e - f_0| \leqslant \frac{2}{3}\Delta f$ 的范围内,若在其范围内,则 $\overline{f}_0 = f_e$;否则,进行下一步的频谱搬移。频谱搬移量为

$$\Delta r = \frac{1}{2} - \left| \frac{P(m+r)}{P(m+r)+P(m)} \right| \tag{3-19}$$

需说明一点的是,为了减小计算量,可以将 Δr 固定为 1/3,经过大量实验数据的证明,$\Delta r = 1/3$ 符合实验精度的要求。

频谱搬移后的检测数据函数为

$$X_k = X\mathrm{e}^{(2\pi nr/\Delta r)/N} \tag{3-20}$$

对 X_k 再进行上述的 M-Rife 算法插值计算。

当信噪比较小时,表明回波信号干扰信号较大,需要重新采集。根据首次谐波数据选取幅值较大频率区域作为扫频区域,缩小激振频率扫频范围,二次激振后重新计算主频、主频幅值和信噪比,且主频幅值和信噪比可作为埋入式振弦类仪器质量评定参数。频谱分析方法的软件流程如图 3-8 所示。

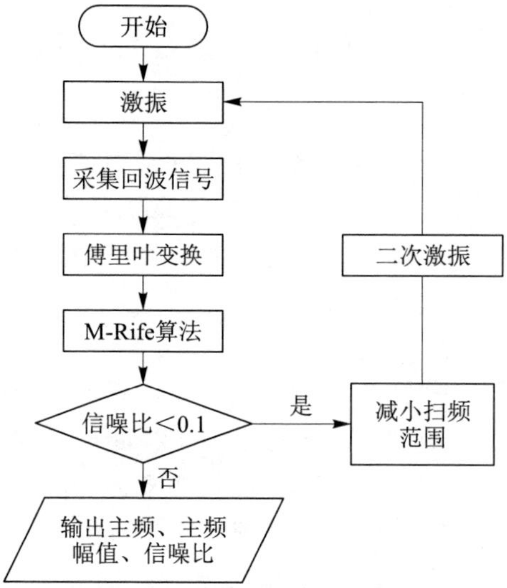

图 3-8　频谱分析方法的软件流程

此项技术已应用于自主研制的安全监测采集单元,通过此方法的频率计算,采集设备可兼容国内外绝大多数厂家和种类的振弦仪器,通过全频段智能

扫描,不需要进行频率档位设置,如图 3-9、图 3-10 所示。以溪洛渡水电站已安装的安全监测采集单元为例,编号为 18042308 的安全监测采集单元,通道 18 的采集仪器类型为振弦式钢筋计,采集结果:频率为 2 605.33 Hz,模数为 6 787.74,信噪比为 20.30。

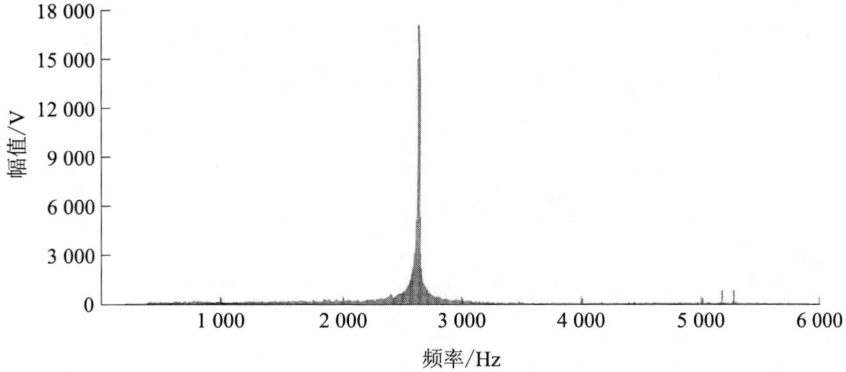

图 3-9　振弦仪器回波的频域波形

图 3-10　振弦仪器回波的时域波形

分析:时域信号回波质量高,时域信号中的信噪比较大,能够准确地捕捉信号频率。

研制的安全监测采集单元中内置了基于谱插值算法的振弦仪器频率信号采集和时域采集两种方法,针对不同情况选取不同方法进行测量。该技术提高了采集振弦信号的抗干扰能力和准确度,提升了振弦仪器的识振解译能力。

2.钢弦式监测仪器工作状态鉴定方法

针对大坝已埋设的钢弦式监测仪器(又称振弦式监测仪器)在长期运行中测值不可靠,以及现行仪器鉴定方法易误判的问题,本书深入分析了振弦式监测仪器频域测频方法的特点。在此基础上,提出将信号频谱的信噪比、信号幅值等指标纳入仪器鉴定评价指标体系中。通过开展埋入式监测仪器在异常工况下的时域和频域测量法的对比试验,验证了新评价指标在仪器鉴定工作中的优势。本书旨在完善现有鉴定方法,将新的测频手段和评价指标融入鉴定工作中,这些新指标对仪器鉴定工作具有重要的指导意义。

振弦式监测仪器因其精度高、长期稳定性好等优点,在大坝安全监测中得到了广泛应用。然而,绝大多数监测仪器在施工期被永久性埋入坝体内部,受监测仪器自身特性和恶劣外界条件的影响,随时间推移易发生不同程度的性能变化,导致其测值可靠性逐渐降低甚至失效。因此,需要定期开展仪器鉴定工作,以掌握坝体已埋仪器的运行状况。

《大坝安全监测系统鉴定技术规范》(SL 766—2018)和《钢弦式监测仪器鉴定技术规程》(DL/T 1271—2013)是现行振弦式监测仪器可靠性评价的主要依据。两者均规定鉴定工作应结合历史测值和现场检测来综合评价仪器的工作性态。其中,现场检测评价环节将振弦式监测仪器的“频率测值稳定性”作为权重最高的评价指标。然而,实践发现,当振弦测量工况中混杂有较强的工频、倍频等噪声时,若仍采用这种评价方法,可能会导致对仪器工作状态的误判,从而影响部分仪器鉴定结果的准确性。

频域测量法将时域中的波形转换为频域中的频谱信息,并引入了信噪比和信号幅值两个重要指标。信噪比为频谱图上最大幅值与次大幅值的比值,信号幅值为频谱图上幅值的最大值。这两个指标可以从频谱角度反映回波信号的纯净程度、强度和质量。因此,本书将这两个新指标纳入了振弦式监测仪器鉴定评价方法指标体系中。

1)振弦式监测仪器工作异常原因分析

振弦式监测仪器埋入坝体后,可以通过振弦读数仪表进行人工采集或接入自动化系统实现自动数据采集。无论采用何种采集方式,在频率测值方面主要存在以下几种异常表现:①无测值;②有测值,但测值不稳定,跳动较大;③有稳定测值,但测值反映的是非真实物理量。振弦式监测仪器产生上述问题的原因可以归纳为仪器内因、外因和测频仪表三大类。其中,内因主要指仪器内部器件老化、仪器密封性差、绝缘性下降等导致传感器性能下降;外因主要指仪器所在环境存在振动、电磁、工频等干扰,使信号中叠加噪声,导致测量异常;测频仪表原因主要是指测频仪表的性能不佳、激振策略不当等导致测频效果不良。

2)绝缘密封性

振弦式监测仪器埋设初期的绝缘电阻大于 50 MΩ。当发生仪器线缆与壳体胶合不可靠、安装埋设时处理不当、绝缘橡胶老化等问题时,仪器壳体内部可能进水或测量线缆间形成通路,导致绝缘性下降。监测仪器绝缘性下降可以等效为测量回路中并联了电阻和电容到大地,回波中混入噪声且信号电平被削弱,从而影响测值。为了研究仪器绝缘性对频率测值的影响,开展了模拟试验。选取 BGK4500 型振弦式渗压计为试验对象,准备了 4 份表 3-4 所列的水溶液,将渗压计的频率测量线缆裸露的线芯部分浸入溶液中,模拟绝缘性下降的工况。然后选取时域测量法和频域测量法的读数仪表,分别记录其在各工况下的频率测值(见表 3-4、表 3-5)。

表 3-4　时域测量法测试数据

测量环境	时域测量法			
	测次 1 频率/Hz	测次 2 频率/Hz	测次 3 频率/Hz	频率极差/Hz
空气	2 880.7	2 880.7	2 880.7	0
纯净水	2 880.7	2 880.9	2 880.8	0.2
5 g/L 盐水溶液	无测值	无测值	无测值	—
10 g/L 盐水溶液	无测值	无测值	无测值	—
100 g/L 盐水溶液	无测值	无测值	无测值	—

表 3-5　频域测量法测试数据

测量环境	频域测量法					
	测次 1 频率/Hz	测次 2 频率/Hz	测次 3 频率/Hz	频率极差/Hz	信噪比	信号幅值/V_r
空气	2 880.7	2 880.7	2 880.7	0	9.5	3.05
纯净水	2 880.7	2 880.7	2 880.7	0	6.9	2.97
5 g/L 盐水溶液	2 880.9	2 880.2	2 880.6	0.7	2.1	0.22
10 g/L 盐水溶液	2 801.2	999.9	无测值	—	1.07	0.07
100 g/L 盐水溶液	无测值	无测值	无测值	—	—	—

上述试验结果表明，当绝缘性轻微下降时，传感器的频率测量并未受到明显影响；然而，随着绝缘性的继续下降，传感器的频率测量受到了较大影响，直至无法测出有效数据。从信噪比、信号幅值和频率极差这三个指标的对比来看，它们均反映出了绝缘性能的单调性下降。但值得注意的是，信噪比和信号幅值与绝缘性下降的关系更为显著。

3）强电磁干扰影响

埋入式仪器所处的环境往往十分复杂，各种缆线、地磁场、水流动力等因素都可能导致仪器信号受到噪声干扰。此外，当仪器接入由工频信号供电的自动化系统后，还会受到工频信号的干扰。受到电磁干扰的传感器，可能会出现测值不稳定或产生错误测值的问题。为了验证振弦仪器在电磁干扰环境下的测量性能，开展了相关的试验研究。具体做法是，将 BGK4450 型振弦式测缝计接入读数仪的测量回路，同时将一台工作的串激式电机放置于测缝计附近，以给予其强电磁干扰。通过观察示波器上的回波信号，记录测值结果，如表 3-6、表 3-7 所示。

表 3-6　时域测量法电磁干扰工况测试数据

测量环境	时域测量法			
	测次 1 频率/Hz	测次 2 频率/Hz	测次 3 频率/Hz	频率极差/Hz
无电磁干扰	1 534.0	1 534.0	1 534.0	0
强电磁干扰	1 534.1	1 534.4	1 534.7	0.6

表 3-7　频域测量法电磁干扰工况测试数据

测量环境	频域测量法					
	测次 1 频率/Hz	测次 2 频率/Hz	测次 3 频率/Hz	频率极差/Hz	信噪比	信号幅值/V_r
无电磁干扰	1 534.0	1 534.0	1 534.0	0	11.8	3.17
强电磁干扰	1 534.0	1 534.0	1 534.0	0	7.9	2.98

试验结果表明，振弦式测缝计在电磁干扰下，其信号波形出现失真，呈现为不规则的正弦波形状。与此同时，时域测量值出现了 0.6 Hz 的波动，而频域测量值则保持稳定。这一现象证实了振弦式监测仪器在测量过程中易受电磁干扰的影响，而频域测量法则展现出了较好的抗干扰能力。从各项指标的对比来看，在电磁干扰环境下，频率极差的灵敏度显得不足，而信噪比和信号幅值这两个指标则能够较好地揭示信号因干扰而受损的情况。

4)非可靠激振问题

振弦仪器能否实现可靠激振,是确保振弦仪器测量准确性的关键。钢弦的激振通常采用低压挂频激振方式。在此方式下,影响钢弦激振效果的因素主要包括扫频范围、扫频步长以及激振次数。为了探究上述因素对振弦式传感器钢弦激振效果的具体影响,开展了相关的试验研究。选取信号幅值低、衰减速度快的 BGK4200 型振弦式应变计作为研究对象,设计了三种试验条件。条件一为全频段扫频激振,扫频范围设定为 400～5 000 Hz,扫频步长为 20 Hz;条件二为选定频段扫频激振,扫频范围设定为 400～1 200 Hz,扫频步长为 20 Hz;条件三同样为选定频段扫频激振,但扫频步长调整为 5 Hz。测试结果如表 3-8、表 3-9 所示。

表 3-8　时域测量法激震条件测试数据

测量环境	时域测量法			
	测次 1 频率/Hz	测次 2 频率/Hz	测次 3 频率/Hz	频率极差/Hz
激振条件一	872.1	877.7	639.5	238.2
激振条件二	877.9	872.9	877.8	5.0
激振条件三	877.9	877.9	877.9	0

表 3-9　频域测量法激振条件测试数据

测量环境	频域测量法					
	测次 1 频率/Hz	测次 2 频率/Hz	测次 3 频率/Hz	频率极差/Hz	信噪比	信号幅值/V_r
激振条件一	877.9	877.8	877.8	0.1	2.1	0.84
激振条件二	877.9	877.9	877.9	0	3.1	1.15
激振条件三	877.9	877.9	877.9	0	9.6	2.05

试验结果表明,在时域测量法与频域测量法的对比中,频域测量法在 3 种试验条件下均能测得较为稳定的测值,这充分体现了频域测量法的优势。从各项指标的对比来看,优化激振策略能够有效改善激振效果,而信噪比和信号幅值相比频率极差,能更好地反映激振效果的变化情况。

5)新评价方法的构建

振弦式监测仪器的监测量是通过内部钢弦振动时切割磁场所形成的感应信号的频模值大小来表征的。由于其输出信号大小仅有 mV 级甚至 μV 级,因此极易受到各类干扰信号的影响。现有评价方法在实践中产生误判的情形主要有两类:一是仪器已经失效,但却测出了稳定性良好的“假测值”;二是仪器并未失效,但由于其信号质量较低,测值稳定性不足。

针对当前评价方法存在误判可能的现状,项目拟在遵循现有评价框架的前提下,对新评价标准进行优化和完善。具体做法是:首先,对频率、温度、绝缘性进行现场检测评价;其次,结合历史测值开展综合评价。不同之处在于:①在评价指标方面,在“现场检测评价”的“频率测值评价”环节中增加了频域测量法的两个定量指标;②对原有的综合评价体系进行了修改和完善(见表 3-10)。

表 3-10　振弦式监测仪器综合评价标准

序号	历史数据评价			频率测值可靠性		温度测值可靠性		综合评价结论	说明
	可靠	基本可靠	不可靠	可靠	不可靠	可靠	不可靠		
1	√			√		√		正常	
2		√		√		√		基本正常	
3	√			√			√	满足备注条件则基本正常,否则异常	无须温度修正,或可获得可用的温度
4		√		√			√	满足备注条件则基本正常,否则异常	无须温度修正,或可获得可用的温度
5			√	√		√		基本正常	
6			√	√			√	满足备注条件则基本正常,否则异常	无须温度修正,或可获得可用的温度
7					√			异常	

(1)测量仪表要求。为确保新评价指标具备可靠的定量特征,对测量仪表提出以下规定:①所投入使用的仪表必须经过检定或校准,且结果合格;②仪表应采用频域测量法,在进行评价工作时,其信号调理电路的增益应设置为 20 k,输出幅值电压的动态范围应为±5 V,采样分辨带宽应设定在 400~5 000 Hz。

(2)新评价指标解释。信噪比:指信号回波频谱图上最大幅值与次大幅值的比值。

评价标准为:当信噪比≥2 时,判定为合格;当信噪比<2 时,判定为不合格。信号幅值:指振弦式监测仪器钢弦在评价工作测量条件下产生的回波信号幅度谱的最大幅值。评价标准为:当信号幅值≥0.1 V_r 时,判定为合格;当信号幅值<0.1 V_r 时,判定为不合格。

(3)频率测值评价方法。包括频率极差、信噪比和信号幅值 3 个指标。其中,频率极差是当前技术规范中的指标,用于指示频率测值的稳定性。测量方法为对被测仪器间隔 10 s 以上进行 3 次测量,通过计算 3 组数据间的极差是否超过规定限值来评价该指标的合格性。加入新指标后,"频率测值评价"的新评价标准为:当频率极差、信噪比和信号幅值 3 个指标均合格时,判定该项目评价可靠;否则,判定为不可靠。

(4)综合评价方法。综合评价结论分为正常、基本正常和异常三类。其中,序号 5 和序号 6 的判定结论为基本正常,其含义是:通过此次鉴定,发现当前历史测值反映出的日常监测数据不可靠,建议改用频域测量法开展后续监测工作。新评价方法简化了评价过程,明确了评价结论,具有一定的指导意义。主要体现在以下方面:频率测值的可靠性由频率极差、信噪比和信号幅值 3 个指标综合决定。若其中任一指标的评价为不可靠,即判定为仪器异常。当历史测值不可靠,而频率测值可靠时,可判定仪器工作基本正常,但该仪器亟需改进,应采用频域测量法开展日常监测工作。

3.3.2.2　基于 LoRa 技术的无线通信低功耗策略

LoRa 技术是一种采用扩频调制的无线通信技术,其具有传输距离远、发射功耗低、抗干扰能力强等显著特点,因此在环境监测、工业控制等领域得到了逐步推广和应用。为了有效降低通信节点的能耗,节点会采用周期性的休眠和工作轮换机制。尽管关于节点低功耗的研究已经相当丰富,但针对 LoRa 无线模块与传感器采集器相互配合的低功耗解决方案却相对较少(见图 3-11)。

本书提出了一种应用于 LoRa 技术无线传感器采集网络的通信方法。该方法适用于基于 LoRa 技术的无线传感器采集网络系统,该系统采用一个集中器组件与多个传感器采集器通过星形网络结构进行连接。传感器采集器内置处理器,并与数据处理功能单元、第二 LoRa 无线模块及第二定时器相连接。集中器组件与每个传感器采集器中的第二 LoRa 无线模块实现无线连接,集中器与传感器采集器的工作、断电和休眠时序如图 3-12 所示。

集中器组件作为整个采集网络的控制中心,不属于低功耗管理的范畴。

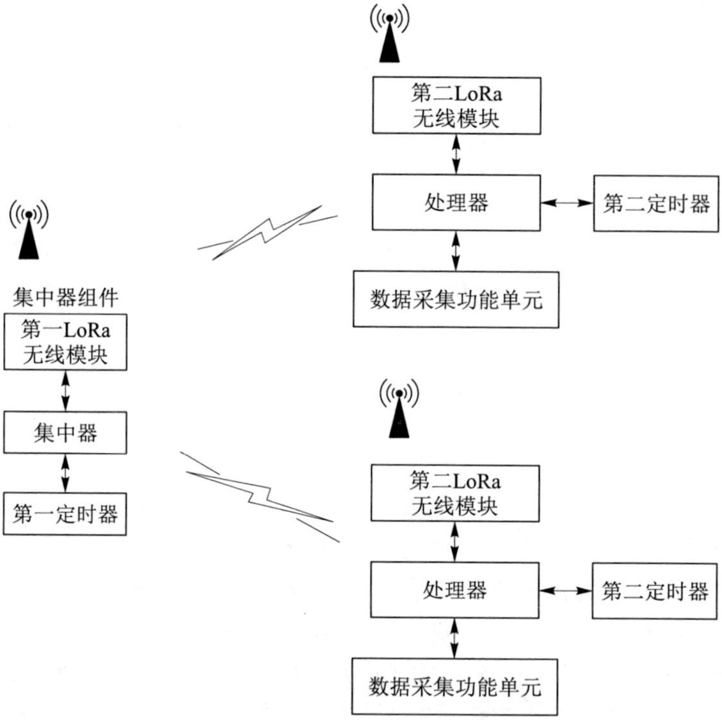

图 3-11 基于 LoRa 技术的无线通信低功耗技术示意

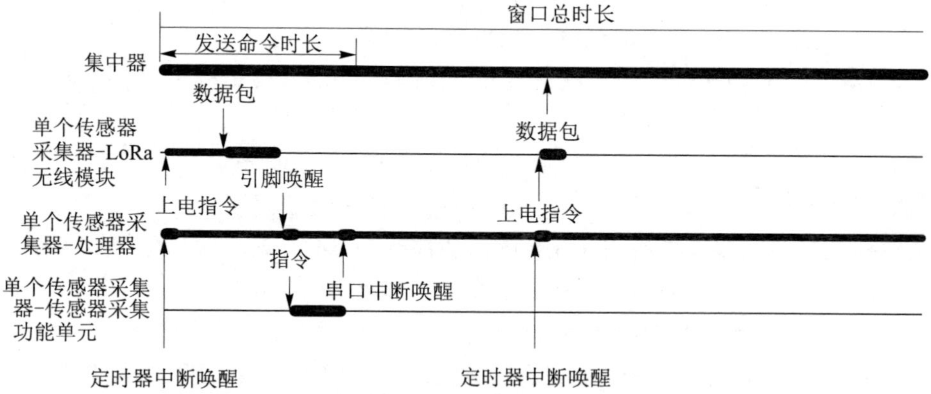

注:图中最粗部分表示工作状态,普通部分表示休眠状态。

图 3-12 集中器与传感器采集器的工作、断电和休眠时序

当集中器接收到第一定时器的中断触发信号后,会将第一定时器清零,并根据预设的窗口时间开始一个新的计时周期。

集中器根据数据服务器下发的指令，确定需要发送给传感器采集器的数据包内容。随后，通过第一 LoRa 无线模块，集中器开始逐个向网络中的传感器采集器发送数据包。这些数据包分为唤醒数据包和通信数据包两种。唤醒数据包包含用于唤醒特定传感器采集器的唤醒信号及用于时间同步的数据包时间戳；而通信数据包则包含对传感器采集器的控制命令及数据包返回的时间信息。数据包发送完毕后，第一 LoRa 无线模块会等待接收传感器采集器回复的数据包。

当集中器完成来自传感器采集器的数据接收并处理完毕后，会与数据服务器进行通信，返回所需的数据。接下来，执行以下步骤：

步骤一：传感器采集器的处理器被第二定时器的中断信号唤醒后，将第二定时器清零，并开始一个新的计时周期。

步骤二：处理器打开本节点的第二 LoRa 无线模块，使其从断电状态切换至休眠状态，然后处理器自身也进入休眠状态。

步骤三：第二 LoRa 无线模块等待接收集中器发送的唤醒数据包。一旦接收到属于该第二 LoRa 无线模块的唤醒数据包，它将被唤醒。随后，在接收到通信数据包后，第二 LoRa 无线模块会唤醒处理器，并将数据包传输给处理器。传输完毕后，第二 LoRa 无线模块断电。

步骤四：处理器解析收到的数据包，通过数据包时间戳与集中器进行时间同步，并根据回复集中器的时间设置第二定时器。如果通信数据包的指令是采集传感器数据的指令，则使数据采集功能单元上电，处理器进入休眠状态。此时，数据采集功能单元开始采集传感器数据。数据采集完成后，通过中断唤醒处理器。数据采集功能单元断电后，处理器保存采集的传感器数据，并再次进入休眠状态。如果通信数据包是配置信息修改指令，处理器处理完毕后，也会进入休眠状态。

步骤五：当传感器采集器接收到第二定时器的中断信号后，会被唤醒。此时，第二定时器继续计时，并打开第二 LoRa 无线模块。传感器采集器将采集的数据或反馈指令组成数据包，发送给集中器。

步骤六：处理器进入休眠状态，第二 LoRa 无线模块断电。

本技术旨在解决传感器采集器的通信及功耗问题。通过充分利用传感器采集器中 LoRa 无线模块自身的低功耗和高可靠性特点，并与处理器、数据采集功能单元紧密配合，通过断电、休眠、工作这三种状态的灵活切换，有效降低每个传感器采集器的功耗。在保证可靠性的前提下，实现无线传感器的低功耗运行。

3.3.2.3 安全监测物联网平台技术

水利水电工程的安全监测采集设备种类繁多,传输协议各不相同,现场往往需要安装多种采集软件,这不仅购置成本高昂,还容易导致数据孤岛现象的出现。此外,目前的数据采集软件大多为单机版,升级维护工作量大,应用范围有限,无法满足大型或分布式安全监测数据采集的应用需求。

为了解决这个问题,研发了安全监测物联网平台。该平台基于可配置的通信协议与规范化的数据标准,能够统一接入多网络、多协议、多地域的安全监测物联网设备,满足高并发设备快速上云的需求。平台涵盖了设备状态监控、指令下发、数据存储及远程维护等多种功能,并开放了数据应用程序接口(application program interface,API),实现了安全监测信息的全面开放与物联。

通用化大坝安全监测物联网平台为设备提供了安全可靠的连接通信能力。它向下连接海量设备,支撑设备数据采集并上云;向上提供云端 API,服务端可以通过调用云端 API 将指令下发至设备端,实现远程控制;同时,还为专业应用提供了数据开放 API,实现了系统的互联互通。通用化大坝安全监测物联网平台的总体技术架构如图 3-13 所示。

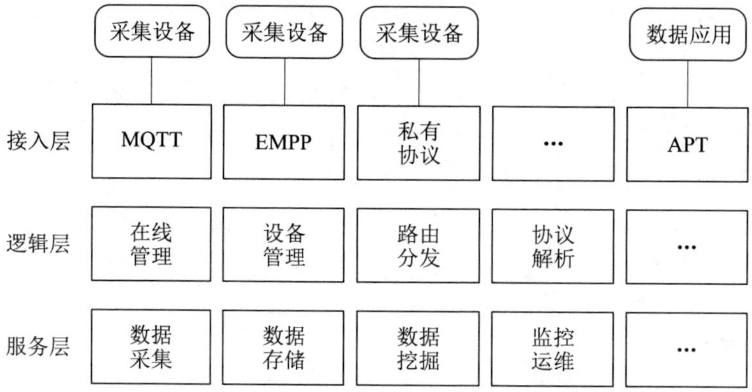

图 3-13 通用化大坝安全监测物联网平台的总体技术架构

(1)在接入层,物联网平台的采集设备通过消息队列遥测传输(message queuing telemetry transport, MQTT)、可扩展通信和表示协议(extensible messaging and presence protocol,EMPP)或其他自定义的私有协议来接入数据。同时,平台还支持数据应用通过 API 的形式进行数据交互。

(2)在逻辑层,平台提供了在线管理、设备管理、路由分发、协议解析等多项管理功能,以满足系统的运营和维护需求。

(3)在服务层,平台提供了数据采集、数据存储、数据挖掘、监控运维等一系列平台服务，以支持物联网应用的全面运行。

通用化大坝安全监测物联网平台主要基于 Node.js 引擎和 Socket 连接进行开发，并支持协议代理解析功能。

1.Node.js 引擎

Node.js 引擎是基于 Chrome JavaScript 运行时构建的一个平台，它采用事件驱动和异步输入/输出（Input/Output，I/O）的方式，实现了一个单线程、高并发的 JavaScript 运行环境。Node.js 引擎是基于 Google 的 V8 引擎开发的一个 C++程序，其执行 JavaScript 的速度非常快，性能优越。

大坝安全监测物联网平台是一个集成海量采集设备的分布式系统。而 Node.js 引擎非常适合于 I/O 密集型且不需要密集中央处理器（central processing unit，CPU）计算的程序，它能够并发处理数万条连接，这完全符合物联网平台的应用场景。在物联网应用中，多台采集设备需要并发进行数据采集和上传，而采集设备本身无须进行数据计算处理，仅需对数据进行收集。

Node.js 引擎的平台架构如图 3-14 所示。它分为四层，分别为应用层、V8 引擎层、Node API 层和 Libuv 层。

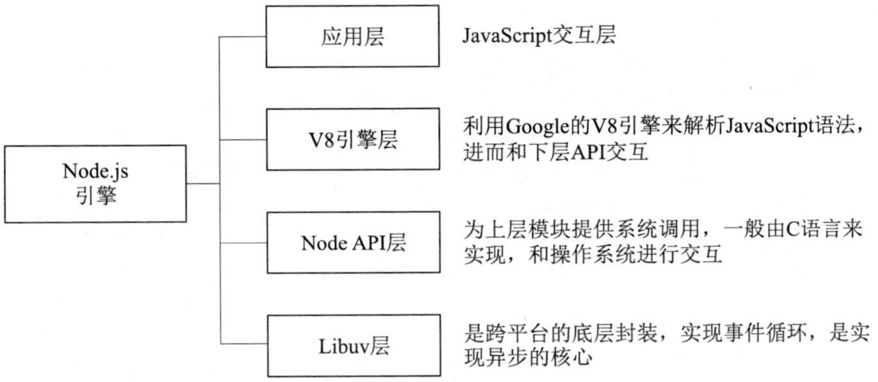

图 3-14　Node.js 引擎的平台架构

1）高并发策略

一般来说，解决高并发问题的一种常见方案是采用多线程模型，即服务器为每个客户端分配一个线程，并使用同步 I/O。系统通过线程切换来弥补同步 I/O 调用所带来的时间开销。例如，Apache 服务器就采用了这种策略。然而，由于 I/O 操作通常比较耗时，因此这种策略很难实现高性能。

大坝安全监测物联网云平台并不需要进行大量的计算处理。在与设备建立连接后，其主要作用是作为设备通信的等待时间以及数据存储的载体。

Node.js 引擎采用了单线程模型，并不会为每个请求分配一个线程，而是使用一个主线程来处理所有的操作。它将耗时的 I/O 操作进行异步处理，从而避免了创建、销毁线程及切换线程所需的开销。Node.js 引擎高并发策略实现流程如图 3-15 所示。

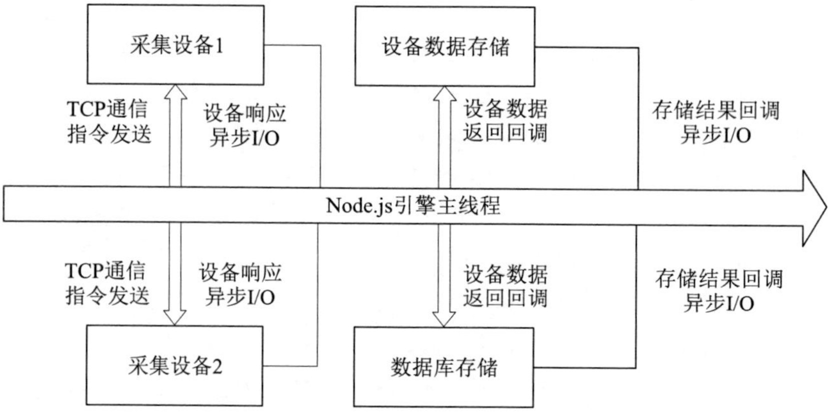

图 3-15　Node.js 引擎高并发策略实现流程

2) 事件循环与驱动模型

Node.js 引擎事件循环与驱动模型如图 3-16 所示。

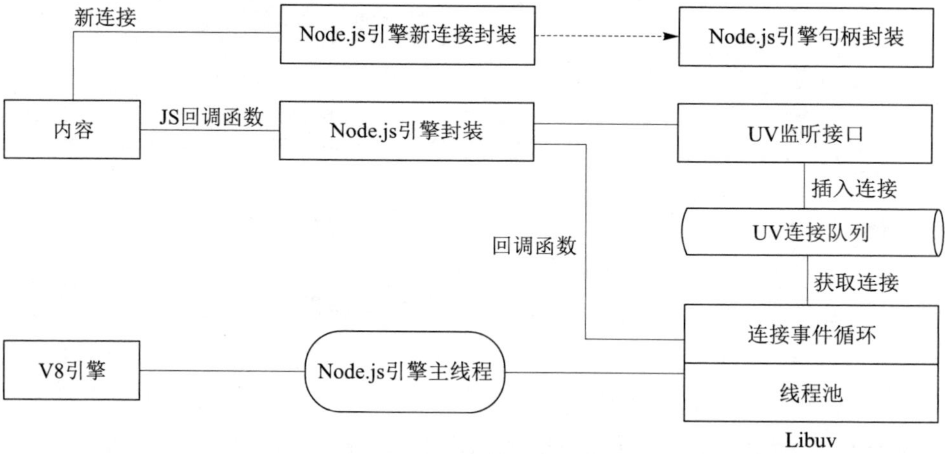

图 3-16　Node.js 引擎事件循环与驱动模型

Node.js 引擎在主线程中维护了一个事件队列。当与设备通信的请求发生时，这个事件会被放入到这个队列中，然后系统继续与下一台设备进行通信。事件队列的执行方式如下：

（1）非 I/O 任务由自身直接执行。

（2）对于 I/O 任务，系统会将其作为异步任务推送到 Libuv 提供的队列中，然后执行下一个 I/O 任务。任务完成后，通过指定的回调函数通知任务的执行结果。

2.Socket 连接

Socket 是应用层与传输控制协议/互联网协议（Transmission Control Protocol/Internet Protocol，TCP/IP）通信的中间软件抽象层，它提供了一组接口。在设计模式中，Socket 采用了门面模式，将复杂的 TCP/IP 协议隐藏在 Socket 接口之后。对用户而言，只需要通过这组简单的接口即可完成所有操作，而无需关心数据是如何被组织和传输的，以符合指定的协议。

Socket 的实现流程如图 3-17 所示。在大坝安全监测物联网平台数据采集功能的实现过程中，数据采集接口服务端首先初始化 Socket，然后与指定端口绑定（bind），并对该端口进行监听（listen）。随后，调用 accept 函数阻塞，等

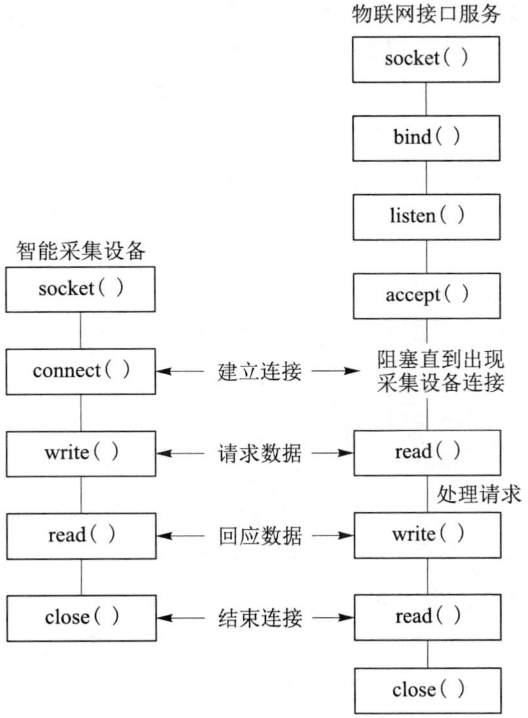

注：connect( )为建立连接函数；write( )为写函数；read( )为读函数；close( )为停止调用函数。

图 3-17　Socket 的实现流程

待数据采集终端的连接。此时,如果有一个数据采集终端初始化了一个Socket,并尝试连接到接口服务(connect),如果连接成功,那么数据采集终端与接口服务之间的连接就建立了。数据采集终端发送数据请求,接口服务接收并处理该请求,然后将回应数据发送给数据采集终端。数据采集终端读取数据后,最后关闭连接,一次交互就此结束。

通过使用持久开放的Socket接口作为大坝安全监测物联网平台的数据接收基础结构,可以简化平台的总体结构,有效提高系统的整体稳定性,并为物联网数据采集设备提供一个无间断的数据上传节点,从而实现安全监测数据的实时上传与可靠传输。

3.协议解析代理

鉴于安全监测采集设备的种类和数量众多,且这些采集设备往往采用私有协议,与物联网平台所提供的标准协议存在较大差异,因此难以直接接入物联网平台。为了解决这个问题,引入了协议解析代理机制。通过协议解析代理,可以将设备的私有协议转换为物联网平台所支持的标准协议,从而实现设备的顺利接入。具体来说,涉及物联网平台的模块主要包括协议解析代理模块、标准协议解析模块、协议解析配置模块及数据处理模块。这些模块共同协作,完成了协议转换的整个流程。协议解析代理应用流程如图3-18所示。

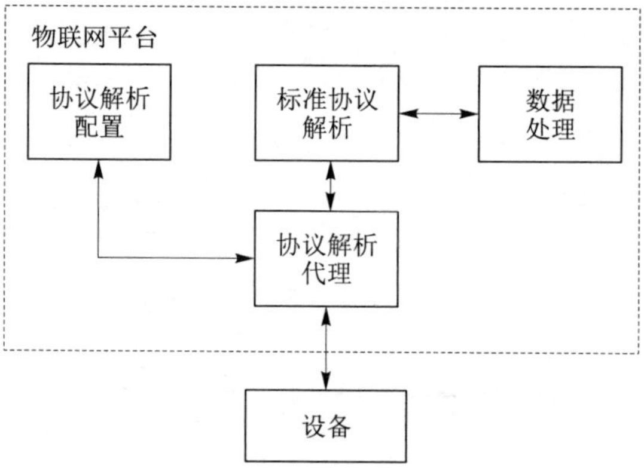

图3-18　协议解析代理应用流程

协议解析配置模块负责实现私有协议与物联网平台标准协议之间的映射关系,用户可以根据实际需求,自行配置协议中需要转换的具体内容。协议解析代理模块则发挥着两方面的重要作用:

(1)将设备上报的私有协议消息,依据协议解析配置,转换为物联网平台所识别的标准协议,并发送给标准协议解析模块进行处理。

(2)根据协议解析配置,将物联网平台向设备发送的标准协议,转换为设备所能理解的私有协议,并发送给设备。

通过增设协议解析配置和协议解析代理这两大模块,大坝安全监测物联网平台得以在不进行二次开发的情况下,仅通过简单的配置,即可支持更多采用私有协议的物联网设备的接入,从而显著提升了物联网平台的设备接入效率和接入能力。

4.RESTful API 技术

描述性状态转移(representational state transfer,REST)是一种针对网络应用的设计和开发方式,它能够有效降低开发的复杂性,并提高系统的可伸缩性。满足 REST 约束条件和原则的应用程序,即被称为 RESTful 应用程序(见图 3-19)。

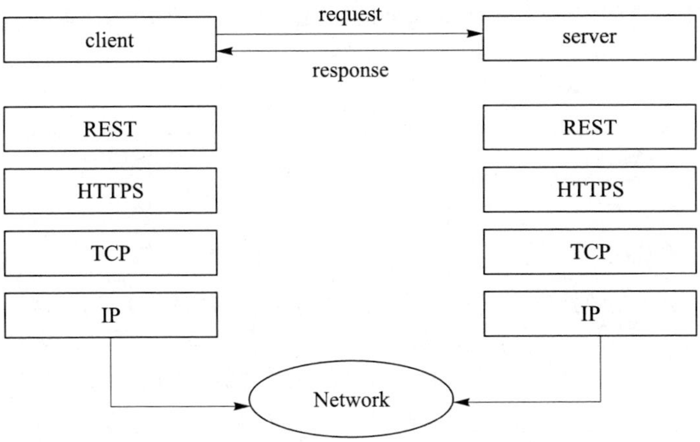

注:客户端(client);服务端(server);请求(request);响应(response);超文本传输安全协议(hypertext transfer protocol secure,HTTPS)。

图 3-19　RESTful 客户端-服务器架构

RESTful 架构具备以下显著特点:

(1)客户端-服务器架构。通过将用户界面(UI)与数据存储进行分离,可以简化服务器组件的设计,提高用户界面在不同平台上的可移植性,并增强系统的可伸缩性。这种架构允许应用前后端分离的思想,即前端服务器为用户提供无模型的视图,而后端服务器则为前端服务器提供所需的接口。浏览器向前端服务器请求视图,并通过视图中包含的函数发起接口请求以获取数据模型。

(2)无状态性。从客户端到服务器的每个请求都必须包含理解该请求所需的所有信息,且不能利用服务器上存储的任何上下文信息。这种设计尽量避免使用会话(session),而由客户端来标识会话状态。无状态性通过将接口部署到多个服务器,有助于将 API 扩展到支持数百万并发用户。任何服务器都可以处理任何请求,因为不存在与会话相关的依赖。同时,无状态性使得 REST API 无须进行复杂操作,即可删除所有服务器端的状态同步逻辑,从而清理多余的空间。

(3)规范的接口设计。RESTful 接口约束定义了资源识别、请求动作和响应信息。通过明确指出需要操作的资源,使用请求动作(HTTP 方法)来标识要执行的操作,并通过返回的状态码来表示请求的执行结果。

(4)可缓存性。缓存约束要求将响应中的数据隐式或显式地标记为可缓存或不可缓存。如果响应是可缓存的,则客户端缓存有权重用该响应数据来处理以后的等效请求。大坝安全监测物联网平台采用 RESTful 架构进行规范的接口设计,如表 3-11 所示。

表 3-11　RESTful 数据接口列表

接口名称	说明
数据采集接口	数据采集终端与系统应用服务的数据接口
系统应用接口	系统客户端调用系统应用的接口
其他集成接口	与其他系统进行集成时的数据接口

以上数据接口遵循统一接口原则,统一接口包含了一组受限的预定义操作,无论什么样的资源,都是通过使用相同的接口进行资源的访问,实现了数据接口的标准化。

3.3.3　云服务平台技术

3.3.3.1　SaaS 云服务模式

美国国家标准与技术研究院将云计算定义为:一种利用互联网、随时随地、便捷地按需从可配置的计算资源池中获取所需资源的计算模式。云计算按照服务类型可划分为三类:基础设施即服务(Infrastructure as a Service, IaaS)、平台即服务(Platform as a Service, PaaS)和软件即服务(Software as a Service, SaaS)。

大坝安全智能监控预警云服务平台系统是基于 SaaS 云计算模式的专业应用系统。该系统以按需购买、按量付费的方式提供给用户。经授权的用户可以通过互联网访问系统服务，自助管理自己的安全监测工程项目，并使用系统提供的安全监测数据采集、管理、整编、分析及监控预警等功能。这种模式避免了系统的重复开发与部署，节省了软硬件资源的投入，为用户提供了低成本的软件解决方案，同时降低了系统运维和升级的难度与成本。

基于 SaaS 云服务模式开发的大坝安全智能监控预警云服务平台系统，使用户无须再购买软件及部署软件所需的软硬件资源。用户只需使用浏览器，即可随时随地访问并使用软件的所有功能。这种模式让用户能够以低成本、低门槛和低风险的方式享受软件服务。对软件开发者而言，基于 SaaS 云服务模式可以快速推广软件服务，避免重复性工作，从而专注于提高服务质量，提升核心竞争力。

3.3.3.2　微服务技术架构

大坝安全智能监控预警云服务平台采用了微服务架构，实现了轻量级、开放性、易迭代的信息系统，如图 3-20 所示。

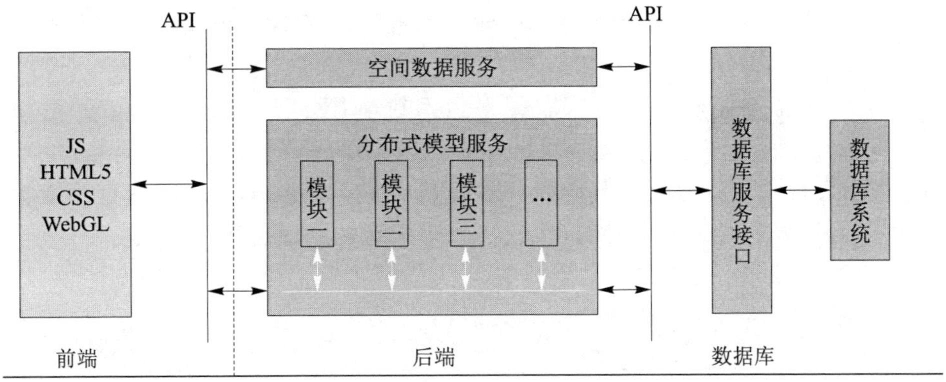

注：一种直译式脚本语言（JavaScript，JS）；超文本标记语言 5.0（hypertext markup language 5，HTML5）；层叠样式表（cascading style sheets，CSS）；Web 图形库（Web graphics library，WebGL）。

图 3-20　微服务架构

微服务架构是一种架构设计理念，其核心在于将功能拆分为多个独立的服务，以实现解决方案的解耦。这种架构的主要作用是将原本庞大的系统功能分解到各个离散的服务中，即把一个大系统按照业务功能拆分成多个小系统。然后，通过简洁有效的方法使这些小系统相互协作，共同组合成一个完整的大系统。这样做不仅降低了系统之间的耦合性，还提供了更加灵活、高效的服务支持，如图 3-21 所示。

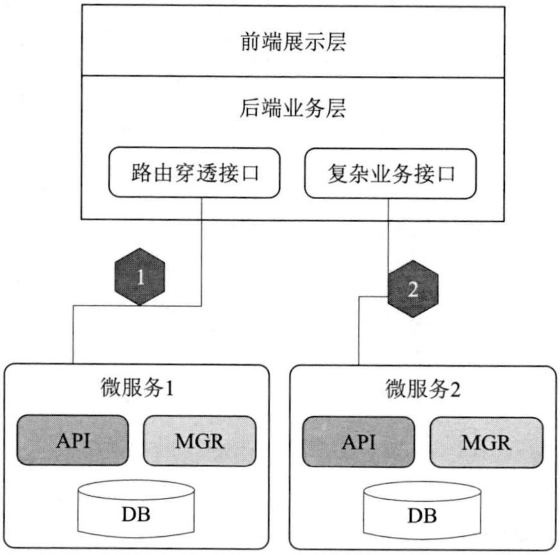

注:MySQL 组复制(MySQL group replication,MGR);数据库(database,DB)。

图 3-21　微服务架构组成示意

大坝安全智能监控预警云服务平台系统采用了 Spring Cloud 微服务架构。Spring Cloud 作为一套全面的微服务治理框架,充分考虑了服务治理的各个方面,实现了服务之间的高内聚性和低耦合性。它将服务之间的直接依赖关系转化为服务对服务中心的依赖,是分布式架构的理想实现方案。

如表 3-12 所示,在大坝安全智能监控预警云服务平台系统的设计中,对用户使用系统的操作流程进行了深入分析,并参考了各功能模块之间的相关性。基于此,将系统划分为若干个典型的微服务系统,这些系统能够为不同的用户角色独立提供所需的功能。这种设计提高了系统整体的鲁棒性,有效降低了系统出错的风险。

表 3-12　微服务系统列表

微服务系统	服务内容
数据管理服务	提供基础的数据管理功能,用户可以对工程信息、仪器信息和仪器数据进行管理操作
数据分析服务	提供多种数据分析方法,支持对数据的整编和资料分析
报表报告生成服务	提供报表报告的自动生成功能,用户可以根据自身需求自定义报表、报告模板

续表 3-12

微服务系统	服务内容
巡视检查服务	提供对巡检项目、内容及路线的管理功能，支持对巡视检查流程管理功能
综合展示服务	提供对测点数据、报警信息、环境量信息等进行综合展示的功能，并提供对数据的多种展示类型，便于用户对安全监测状态进行整体把控
监控报警服务	提供安全监控指标的拟定方法，支持分级监控指标的自定义，并提供实时监控预警服务
其他服务	其他各类微服务

3.3.3.3　基础部署架构技术

大坝安全智能监控预警云服务平台系统支持多种部署方式，包括公有云、私有云及混合云。用户可以根据自身需求，选择将服务部署在公有云（如阿里云、腾讯云、华为云等）上，或者在自建的私有云上，也可以采用公有云+私有云的混合模式进行部署。

不同用户在系统安全、系统稳定性、经济效率等方面有不同的考量，因此可以选择最适合自己的部署方案。大坝安全智能监控预警云服务平台系统具备高通用性，能够为各种规模的项目提供服务。

1.Hadoop 大数据集群部署

Hadoop 是一个能够对海量数据进行分布式处理的软件框架，具有可靠性高、效率高、可伸缩性强等特点。大坝安全智能监控预警云服务平台系统采用 Cloudera 的开源 Apache Hadoop 发行版 CDH（cloudera′s distribution including apache hadoop）作为基础，进行大数据集群的开发与部署。如图 3-22 所示，CDH 提供了 Hadoop 的核心组件：可扩展的存储系统、分布式计算框架，以及基于 Web 的用户界面和重要的企业级功能。

1）HDFS

分布式文件系统（hadoop distributed file system，HDFS）是 Hadoop 体系中数据存储和管理的基础组件。它是一个高度容错的系统，能够检测和应对硬件故障，适用于在低成本的通用硬件上运行。HDFS 简化了文件的一致性模

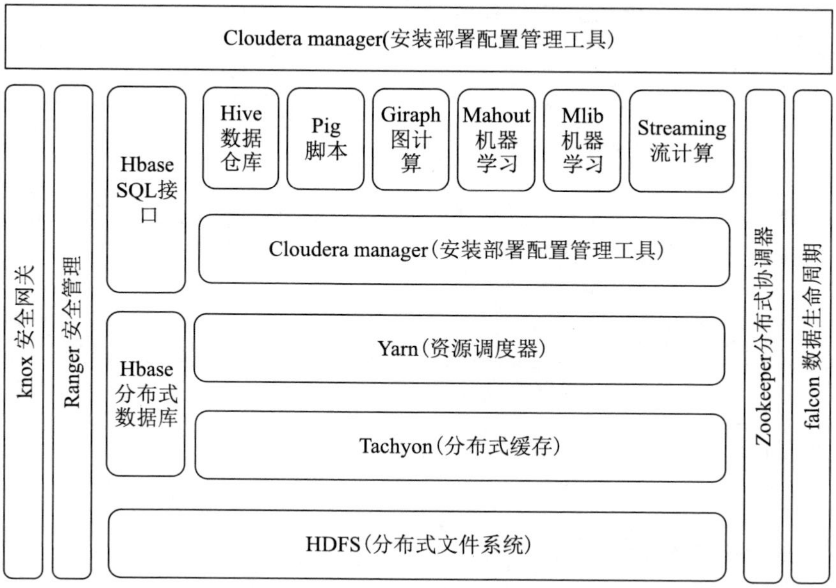

图 3-22　CDH 结构

型,通过流式数据访问方式,为高吞吐量应用程序提供数据访问功能,特别适合处理大型数据集的应用程序。HDFS 采用一次写入、多次读取的机制,数据以块的形式分布在集群中的不同物理机器上。

2)MapReduce

MapReduce 是一种分布式计算模型,用于处理大数据量的计算任务。它将计算过程抽象为映射(Map)和归约(Reduce)两部分。其中,Map 对数据集上的独立元素执行指定的操作,生成键-值对形式的中间结果;Reduce 则对中间结果中相同“键”的所有“值”进行规约处理,以得到最终结果。MapReduce 非常适合在由大量计算机组成的分布式并行环境中进行数据处理。

2.应用负载均衡

大坝安全智能监控预警云服务平台系统采用 Nginx 实现负载均衡。Nginx 是一个开源的、高性能的超文本传输协议(hyper text transfer protocol, HTTP)服务器和反向代理服务器。如图 3-23 所示,通过 Nginx 负载均衡调度服务器,将来自浏览器的访问请求分发到应用服务器集群中的任意一台服务器上,从而使应用服务器的负载压力不再成为系统瓶颈。Nginx 支持的负载均衡调度算法方式如下:

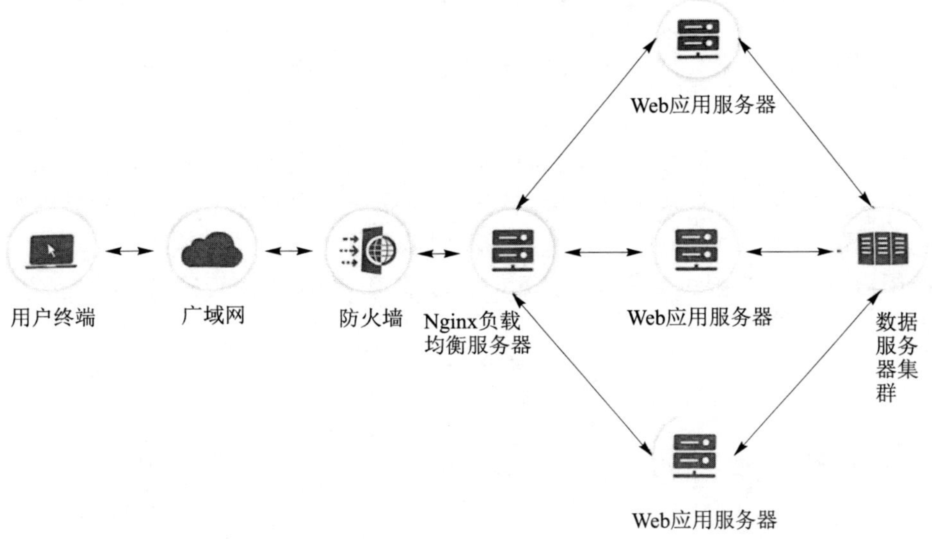

图 3-23　Nginx 负载均衡

(1) weight 轮询(默认):接收到的请求按照顺序逐一分配到不同的后端服务器。即使在使用过程中,某一台后端服务器宕机,Nginx 也会自动将该服务器剔除出队列,确保请求受理情况不会受到任何影响。在这种方式下,可以为不同的后端服务器设置一个权重值,用于调整不同服务器上请求的分配比例。权重值越大,被分配到请求的概率越大。该权重值主要是根据实际工作环境中不同后端服务器的硬件配置进行调整的。

(2) ip_hash:每个请求根据发起客户端的互联网协议(internet protocol, IP)的哈希结果进行匹配。采用这种算法,一个固定 IP 地址的客户端总是会访问到同一个后端服务器,这在一定程度上解决了集群部署环境下的 session 共享问题。

(3) fair:这是一种智能调整调度算法,它会动态地根据后端服务器的请求处理到响应的时间进行均衡分配。响应时间短、处理效率高的服务器分配到请求的概率较高,而响应时间长、处理效率低的服务器分配到的请求则较少。这是一种结合了前两者优点的调度算法。

(4) url_hash:按照访问 URL 的哈希结果分配请求,每个请求的 URL 会指向后端固定的某个服务器。在 Nginx 作为静态服务器的情况下,这种方式可以提高缓存效率。通过以上手段,Nginx 能够有效地将应用访问请求分流到应用服务器集群,从而减轻对单个服务器的性能要求,提高大坝安全智能监控预警云服务平台系统整体的运行效率和响应速度。

3.3.3.4 多终端应用开发模式

大坝安全智能监控预警云服务平台系统支持多操作系统、多平台、多终端接入。用户可以在 Windows、Linux、MacOS 等操作系统上通过浏览器访问系统的全部功能,也可以在手机端通过应用程序(application,App)、浏览器和微信小程序等方式登录系统进行操作。该系统解决了以往同类系统客户端安装复杂、仅局限于工程现场使用的难题,同时降低了对客户端设备性能的要求,使用户可以在有限的条件下实现对大坝安全监测数据的管理和分析,如图 3-24所示。

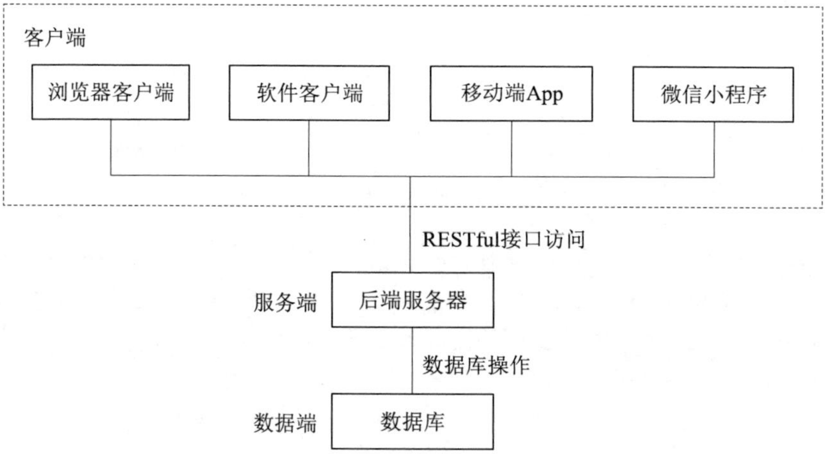

图 3-24 多终端应用架构

大坝安全智能监控预警云服务平台系统在服务端采用了标准化的 RESTful 接口,将不同客户端的请求统一接入到一个后端服务中。通过复用后台服务端接口,避免了后端服务的重复开发,极大地减少了系统开发的工作量,同时简化了系统后台的逻辑结构,提高了系统的稳定性。

1.浏览器/服务器模式

浏览器/服务器(Browser/Server,B/S)模式,是 Web 兴起后的一种网络结构模式。在这种模式中,Web 浏览器是客户端最主要的应用软件。该模式统一了客户端,将系统功能实现的核心部分集中到服务器上,从而简化了系统的开发、维护和使用。用户只需安装浏览器,将系统核心业务逻辑放在服务器端,并在服务器上安装 Oracle、Microsoft SQL Server 等数据库平台。浏览器通过 Web Server 与数据库进行数据交互。B/S 模式网络结构如图 3-25 所示。

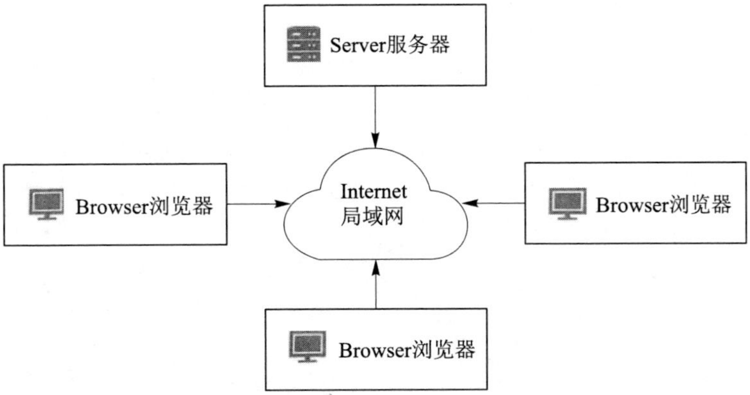

图 3-25 B/S 模式网络结构

2.移动端应用技术

大坝安全智能监控预警云服务平台系统采用 HTML5 技术构建了移动端 App,该 App 同时支持安卓、iOS 平台以及各类小程序应用。用户可以通过移动设备上的 App 登录系统并进行操作。

在大坝安全智能监控预警云服务平台系统的移动端开发中,通过调用业务逻辑层的后台 API 来提供系统展示功能。这意味着在移动端开发过程中,无须重新开发后台业务逻辑。系统使用“内容提供者(content provider)”组件来存储 App 应用中需要保存的元数据和各类缓存信息,并通过“活动(activity)”组件实现系统的界面展示。

3.3.3.5 数据传输加密技术

大坝安全智能监控预警云服务平台系统采用 HTTPS 协议对用户客户端与应用服务器之间的数据进行加密处理,以确保系统数据在传输过程中的保密性、完整性和身份验证的安全性。

HTTPS 协议是由 HTTP 协议与传输层安全协议/安全套接层(transport layer security/secure sockets layer,TLS/SSL)组合而成的一种网络协议,它支持加密传输和身份认证。HTTPS 主要通过数字证书、加密算法、非对称密钥等技术手段完成互联网数据传输的加密,从而实现互联网传输的安全保护。

在 HTTPS 协议的工作流程中,证书授权机构(certificate authority,CA)为通信双方(客户端与服务器端)提供身份信任。通信双方共同生成了三个随机数,以确保生成的对称密钥难以被暴力破解。在整个通信过程中,客户端和服务端使用生成的对称密钥对数据进行加密,最大限度地保证了通信效率。

HTTPS 传输流程如图 3-26 所示。

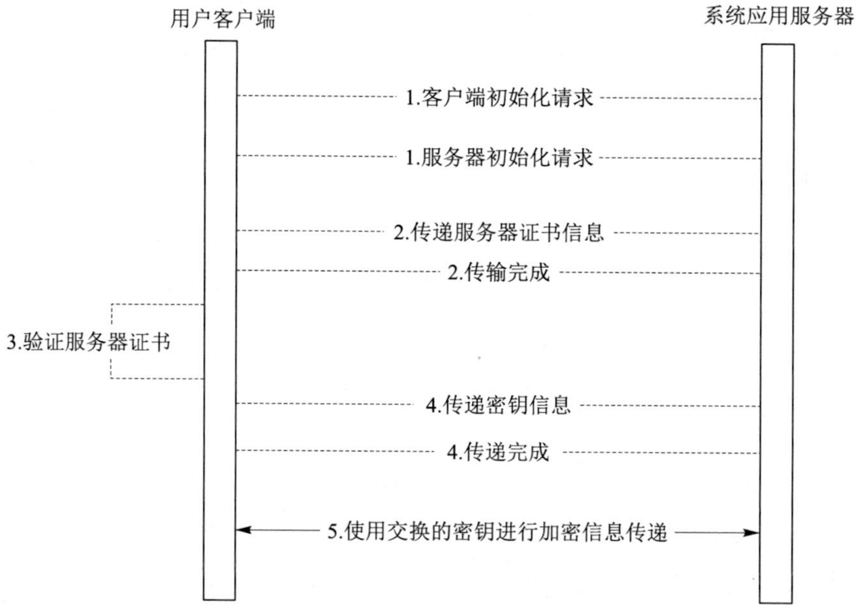

图 3-26 HTTPS 传输流程

(1)客户端向服务器发起 HTTPS 请求,并连接到服务器的 443 端口。

(2)服务器将自己的证书(公钥)发送给客户端。

(3)客户端收到服务器端的证书后,会对证书进行检查,并通过 CA 验证其合法性。如果发现证书不合法,那么 HTTPS 传输将无法继续。如果证书合法,客户端会生成一个客户端密钥,然后用服务器的公钥对客户端密钥进行非对称加密,生成客户端密钥的密文。至此,HTTPS 中的第一次 HTTP 请求结束。

(4)客户端随后会发起 HTTPS 中的第二次 HTTP 请求,将加密后的客户端密钥发送给服务器。

(5)服务器接收到客户端发来的密文后,首先,会用自己的私钥对其进行非对称解密,解密后的明文即为客户端密钥。然后,服务器会用客户端密钥对数据进行对称加密,使数据变成密文。接着,服务器将加密后的密文发送给客户端。客户端收到服务器发送来的密文后,会用客户端密钥对其进行对称解密,从而得到服务器发送的数据。至此,HTTPS 中的第二次 HTTP 请求结束,整个 HTTPS 传输过程完成。

大坝安全智能监控预警云服务平台系统使用国内知名 CA 机构提供的 SSL 证书,以确保证书验证的稳定性。这样,用户在各种环境下均可使用 HTTPS 协议接入系统,有效地保证了系统数据在传输过程中的安全性。

3.3.3.6　数据资源平台技术

通过建立大坝安全监测数据资源目录与数据汇聚机制,系统无缝集成了内外观自动化监测设备、水情测报系统、强震监测系统、视频监控系统等各类自动化采集设备或业务系统。这些设备或系统共同形成了多源异构的大坝安全监测数据资源平台。平台开发了数据采集、数据清洗及数据服务功能,实现了数据的融合应用和共享服务,如图 3-27 所示。

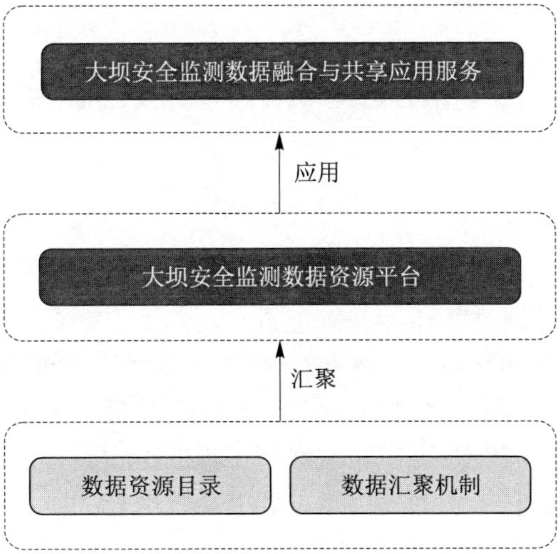

图 3-27　大坝安全监测数据资源平台

基于轻量级的 JSON(JavaScript Object Notation)数据格式,制定了易于解析、可扩展的安全监测数据标准。同时,对安全监测数据库表结构进行了优化,并成功通过了百亿数据量级的压力测试。这一优化实现了海量结构化监测数据的统一存储与高效调用。

第4章　自动化控制技术

水利工程自动化控制系统的设计是实现水利工程智能化管理的重要环节。本章将深入探讨水利工程自动化控制系统的设计原则、组成、架构与层次划分,并通过分析防洪调度自动化系统、供水调度自动化系统和大坝安全自动监控系统等典型应用案例,展示自动化控制系统在水利工程中的实际应用效果,为后续章节提供实践参考。

4.1　自动化控制技术的定义与分类

4.1.1　定义

自动化控制技术是一种利用现代电子、通信、计算机等先进技术,对工业生产过程、机械设备或系统运行状态进行自动监测、控制、调节和管理的技术。在水利工程领域,自动化控制技术被广泛应用于水库调度、水闸控制、泵站运行、水质监测等各个环节,以提高工程运行效率、确保工程安全、优化水资源配置。通过自动化控制技术,可以实现水利工程的远程监控、智能调度和自主决策,极大地提升了水利工程的管理水平和应急响应能力。

4.1.2　分类

根据自动化控制技术在水利工程中的应用特点和功能需求,可以将其分为以下几类。

4.1.2.1　数据采集与监控系统(SCADA)

SCADA是水利工程自动化控制技术的核心组成部分。该系统通过在水利工程现场布置各类传感器、测量仪表等前端设备,能够实时、准确地采集水位、流量、压力、温度等关键参数信息。这些前端设备采集到的数据,通过有线或无线的方式传输至中央控制室或远程监控中心。在监控中心,专业人员可以对这些数据进行处理、分析和存储,进而对工程运行状态进行实时监测和评估。

SCADA系统不仅提高了数据采集的准确性和实时性,更重要的是实现了对工程运行的远程监控和智能管理。借助该系统,管理人员可以实时掌握工程各部分的运行状态,及时发现并处理潜在的问题。同时,SCADA 系统还可以根据预设的控制策略,对工程进行自动调节和控制,如调节水闸开度、控制泵站启停等,以确保工程的正常运行和高效调度。此外,SCADA 系统还具有强大的数据分析和报表生成功能,能够为管理人员提供丰富的决策支持信息。

4.1.2.2　可编程逻辑控制器(PLC)技术

PLC 是一种广泛应用于工业控制领域的计算机设备。它采用可编程的存储器来存储执行逻辑运算、顺序控制、定时、计数和算术运算等操作的指令,并通过数字或模拟式输入/输出控制各种类型的机械设备或生产过程。在水利工程中,PLC 技术被广泛应用于水闸控制、泵站运行、水处理工艺等关键场合。

PLC 技术具有编程灵活、可靠性高、易于扩展和维护等优点。在水闸控制中,PLC 可以根据水位、流量等实时信息,自动计算并控制水闸的开度,以实现水量的精确调节。在泵站运行中,PLC 可以根据用电负荷、水位变化等条件,自动调整泵站的启停和调速策略,以实现节能降耗和高效运行。此外,PLC 技术还可以应用于水处理工艺中,如自动加药、自动排污等过程控制,提高水质处理效果和运行效率。

4.1.2.3　现场总线技术

现场总线技术是一种将现场设备(如传感器、执行器、控制器等)与控制系统之间实现数字化通信的技术。它采用全数字化、双向传输、多分支结构的通信网络,将现场设备与控制中心连接成一个有机的整体。在水利工程中,现场总线技术被广泛应用于设备之间的数据交换和信息共享。

现场总线技术具有通信速率高、抗干扰能力强、系统可靠性高等优点。在水库调度系统中,通过现场总线技术可以将水位计、流量计、雨量计等现场设备连接起来,实现数据的实时采集和传输。这些数据可以被用于水库的调度决策中,如计算水库的蓄水量、预测未来的水位变化趋势等。此外,现场总线技术还可以用于实现设备之间的远程控制和故障诊断等功能,提高系统的灵活性和可靠性。

4.1.2.4　分布式控制系统(DCS)

分布式控制系统(DCS)是一种将控制功能分散到各个现场控制站中,并通过通信网络将各个控制站连接成一个整体的控制系统。在水利工程中,DCS 被广泛应用于大型、复杂系统的集中监控和分散控制。

DCS 具有结构灵活、可靠性高、易于扩展和维护等优点。在大型水库的调度和管理中,DCS 可以将水库的闸门控制、泵站运行、水质监测等各个子系统连接起来,实现统一监控和协调控制。通过 DCS,管理人员可以实时掌握水库各部分的运行状态和参数信息,并根据需要进行调节和控制。此外,DCS 还可以提供丰富的报警和事件记录功能,帮助管理人员及时发现并处理潜在的问题。DCS 在水利工程中的应用还体现在其强大的数据处理和分析能力上。通过对采集到的数据进行处理和分析,DCS 可以实现对水库运行状态的全面监测和实时调整。例如,在水库的防洪调度中,DCS 可以根据实时的降雨信息和水位信息,自动计算并调整水库的泄洪策略,以确保水库的安全运行。

4.1.2.5 智能控制技术

智能控制技术是一种将人工智能、模糊控制、神经网络等先进技术应用于控制系统中的技术。在水利工程中,智能控制技术被广泛应用于实现复杂系统的自适应控制、优化调度和故障诊断等功能。智能控制技术具有自学习能力强、适应能力强、控制精度高等优点。在泵站的优化调度中,智能控制技术可以根据实时的水位、流量和用电负荷等信息,自动调整泵站的运行策略和工作状态。通过智能控制技术的应用,泵站可以实现节能降耗和高效运行的目标。此外,智能控制技术还可以用于水闸的自动控制中,如根据水位变化自动调整水闸的开度等。

在水利工程的故障诊断中,智能控制技术也发挥着重要作用。通过对设备运行过程中的数据进行分析和处理,智能控制技术可以实现对设备故障的早期预警和精确诊断。这有助于及时发现并处理潜在的问题,避免设备故障对水利工程运行造成影响。此外,智能控制技术还可以用于水利工程的优化设计和运行策略的制定等方面,为水利工程的智能化和可持续发展提供有力支持。

4.2 自动化控制技术的原理

4.2.1 反馈控制原理

4.2.1.1 定义与概述

反馈控制原理是一种基于系统输出反馈来调整系统输入的控制方法。在水利工程中,反馈控制系统扮演着至关重要的角色,它通过实时监测工程运行的状态和关键参数(如水位、流量、压力等),将这些反馈信息与系统预先设定的目标值进行精确比较。基于比较结果，系统能够智能地调整控制策略，从而有效消除偏差，确保水利工程系统能够持续稳定在期望的运行状态。反馈控制原理的应用，不仅提高了水利工程的运行效率，还显著增强了系统的稳定性和安全性，是现代水利工程自动化控制的核心技术之一。

4.2.1.2　工作原理

反馈控制原理在水利工程中的应用，其工作流程严谨而高效，主要包括以下几个关键步骤：

第一步，信号采集。这一步骤是反馈控制的基础。通过在水利工程现场安装各类高精度传感器和测量仪表，系统能够实时、准确地采集到反映工程运行状态的关键参数信号。这些信号包括但不限于水位高度、流量大小、压力值等，它们构成了反馈控制的信息基础。

第二步，信号传输。采集到的信号需要被及时、可靠地传输至控制中心或处理单元。在水利工程中，这通常依赖于稳定可靠的通信网络和传输协议。现代水利工程往往采用有线或无线通信技术，确保信号能够迅速、无误地到达控制中心，为后续的偏差计算和控制策略调整提供数据支持。

第三步，偏差计算。在控制中心，接收到的实际输出信号会被与系统预先设定的目标值进行比较。这一过程称为偏差计算，其目的是确定当前系统状态与目标状态之间的差异。偏差的大小和方向是调整控制策略的重要依据，它直接反映了系统当前运行状态的偏离程度。

第四步，控制策略调整。根据偏差计算的结果，控制中心会智能地调整控制策略。这一步骤是反馈控制的核心，它涉及对控制参数的精确调整，如调整闸门开度、改变泵站运行频率等。调整的目的是消除偏差，使系统恢复到期望的运行状态。控制策略的调整需要综合考虑系统的动态特性和运行要求，以确保调整过程的平稳和高效。

第五步，执行控制。调整后的控制指令会被发送至执行机构，如闸门执行器、泵站电机等。执行机构根据接收到的指令，对水利工程系统进行相应的调节和控制。这一步骤是反馈控制原理的最终体现，它直接决定了系统能否按照预期的目标稳定运行。

4.2.1.3　应用实例

反馈控制原理在水利工程中有着广泛的应用，为水利工程的自动化、智能化管理提供了有力支持。

(1)在水库调度方面。在水库调度中，反馈控制原理发挥着至关重要的作用。通过实时监测水库的水位和入库流量，系统能够动态地调整水库的出库流量，以确保水库的安全运行和合理利用。例如，在防洪季节，当水库水位接近或超过警戒线时，系统会根据反馈信号自动加大出库流量，以降低水库水位，防止洪水灾害的发生。而在枯水季节，系统则会根据需水情况，合理调整出库流量，以满足灌溉、供水等需求。

（2）在水闸控制方面。水闸是水利工程中的重要控制设施，其运行状态直接影响着水流的方向和流量。通过应用反馈控制原理，水闸的控制系统能够实时监测闸前水位、闸后水位及闸门开度等参数，并根据这些反馈信号自动调整闸门开度。这不仅提高了水闸的调节精度和响应速度，还有效降低了人为操作带来的风险和误差。例如，在航道维护中，系统可以根据船舶通行需求和水位变化情况，自动调整闸门开度，以确保航道的畅通和安全。

（3）在泵站运行方面。泵站是水利工程中的动力源泉，其运行状态直接影响着水利工程的供水、排涝等能力。通过应用反馈控制原理，泵站的控制系统能够实时监测泵站的运行参数，如电机电流、电压、流量、压力等，并根据这些反馈信号自动调整泵站的运行频率和运行状态。这不仅提高了泵站的运行效率和稳定性，还有效降低了能耗和运行成本。例如，在供水系统中，系统可以根据需水量的变化自动调整泵站的运行频率，以确保供水的稳定性和可靠性。

（4）在水质监测与管理方面。除对水利工程的运行状态进行反馈控制外，反馈控制原理还可以应用于水质监测与管理领域。通过实时监测水质参数（如 pH 值、溶解氧、浊度等），系统能够及时发现水质异常情况，并自动触发相应的处理措施（如加大水处理剂的投加量、调整处理工艺等）。这不仅提高了水质监测的效率和准确性，还有效保障了水利工程的水质安全。

4.2.2 前馈控制原理

4.2.2.1 定义与概述

前馈控制原理是一种先进的控制策略，其核心思想是在系统的干扰信号实际进入系统之前，根据对干扰信号进行预测和变化趋势分析，预先调整系统的输入，从而达到有效控制的目的。这种方法与传统的反馈控制存在显著差异。反馈控制是在系统输出产生偏差后，通过检测偏差并据此调整系统输入来消除偏差，而前馈控制则是一种主动预防性的控制方法，它不需要等待系统输出产生偏差，因此具有更快的响应速度和更好的控制效果。在水利工程中，前馈控制原理的应用显得尤为重要，因为水利工程系统往往具有时滞性、非线性等特点，这些特点使得反馈控制在某些情况下难以达到理想的控制效果。

通过前馈控制,可以实现对水利工程系统的预先调整,有效应对各种不确定性因素,确保系统的稳定运行。

4.2.2.2　工作原理

前馈控制原理的工作流程主要包括三个关键环节:干扰信号预测、控制策略制定和执行控制。

(1)干扰信号预测是前馈控制的基础。在水利工程中,干扰信号可能包括降雨量、上游来水、气温变化等多种因素。这些因素的变化会对水利工程系统的运行状态产生重要影响。因此,需要通过分析历史数据和实时信息,运用数学模型和预测算法,对可能的干扰信号及其变化趋势进行准确预测。例如,在洪水预警系统中,可以利用气象预报数据、水文监测数据以及历史洪水资料,通过统计分析、机器学习等方法,预测未来的降雨量和洪峰流量。

(2)根据预测的干扰信号,提前制定相应的控制策略是前馈控制的核心。控制策略的制定需要综合考虑水利工程系统的特性和控制目标。例如,在防洪调度系统中,当预测到上游来水将大幅增加时,需要提前调整水库的闸门开度,增加泄洪量,以确保水库的水位不会超过安全限制,并减轻下游地区的防洪压力。控制策略的制定需要精确计算和调整系统输入,以抵消干扰信号对系统输出的影响,使系统输出保持在期望的范围内。

(3)执行控制是将制定好的控制指令发送至执行机构,实现系统的预调节和控制。在水利工程中,执行机构可能包括闸门、泵站、调节阀等设备。通过精确地控制和调节,执行机构可以按照预定的控制策略对水利工程系统进行调整,确保系统的稳定运行。例如,在灌溉系统中,当预测到气温将升高导致蒸发量增加时,可以提前启动备用泵站,增加灌溉水量,以满足农作物的需水要求。

4.2.2.3　应用实例

在水利工程中,前馈控制原理具有广泛的应用前景。

(1)洪水预警系统。是前馈控制在水利工程中的重要应用之一。该系统通过实时监测气象、水文等信息,运用数学模型和预测算法,对未来的降雨量和洪峰流量进行预测。当预测到可能发生洪水时,系统提前发出预警信号,为防洪调度提供决策支持。在洪水预警系统中,前馈控制主要体现在对干扰信号的预测和控制策略的制定上。例如,系统可以根据气象预报数据,预测未来的降雨量和降雨强度。同时,结合水文监测数据和历史洪水资料,运用洪水预报模型,预测未来的洪峰流量和洪水过程线。根据预测结果,系统可以提前调整防洪调度计划,如提前开启水库闸门、启动应急排涝设施等,以减轻洪水的危害。

(2)防洪调度系统。是另一个典型的前馈控制应用实例。该系统通过实时监测水文、气象等信息,运用数学模型和优化算法,制定防洪调度方案。在防洪调度过程中,前馈控制主要体现在对上游来水的预测和控制策略的制定上。例如,系统可以根据上游水文站的水位、流量等数据,预测未来的来水情况。同时,结合水库的蓄水量、泄洪能力等因素,运用防洪调度模型,制定最优的泄洪方案。通过提前调整水库的闸门开度,增加泄洪量,可以有效降低水库的水位,减轻下游地区的防洪压力。此外,在防洪调度过程中,还需要考虑其他因素,如天气预报、下游河道的水位和流量等。通过综合考虑这些因素,制定更加科学合理的防洪调度方案,可以进一步提高防洪效果。

除洪水预警和防洪调度外,前馈控制原理还可以应用于水利工程的其他领域。例如,在灌溉系统中,可以根据气象预报数据,预测未来的气温和蒸发量,提前调整灌溉水量和灌溉时间,以满足农作物的需水要求。在水电站发电调度中,可以根据电力市场需求和来水情况,提前制订发电计划,优化水库的蓄水量和发电出力,以提高水电站的经济效益和社会效益。随着信息技术的快速发展和智能化技术的广泛应用,前馈控制在水利工程中的应用也将得到不断拓展和深化。例如,通过引入大数据、人工智能等先进技术,可以实现对干扰信号的更加精确预测和控制策略的更加优化制定。同时,通过集成物联网、云计算等技术手段,可以实现水利工程系统的远程监控和智能调度,进一步提高系统的自动化水平和运行效率。

4.2.3　智能控制原理

4.2.3.1　定义与概述

智能控制原理是一种基于人工智能、模糊控制、神经网络等先进技术的控制理论与方法,其核心在于赋予控制系统自学习、自适应和自组织能力,使其能够有效处理复杂、不确定和时变的系统。在水利工程领域,由于水资源的自然特性和水利工程的复杂性,传统的控制方法往往难以应对各种不确定性因素。而智能控制技术的引入,为水利工程提供了一种更为灵活、高效和可靠的控制手段。

智能控制技术通过模拟人类智能的决策过程,实现对水利工程的智能化管理。它不仅能够实时感知系统的状态和外部环境的变化,还能根据预设的目标和约束条件,自主调整控制策略和参数,以达到最优的控制效果。这种控制方法不仅能够提高水利工程的运行效率和安全性,还能降低运行成本和维护难度，对于实现水利工程的可持续发展具有重要意义。

4.2.3.2　工作原理

智能控制系统的工作原理主要包括数据采集与处理、智能算法应用、自适应调整和执行控制四个关键环节。

1.数据采集与处理

数据采集是智能控制系统的首要任务。在水利工程中，通过安装在关键部位的传感器和执行器，系统能够实时采集到包括水位、流量、压力、温度等在内的各种数据和状态信息。这些数据是智能控制系统进行决策和控制的基础。然而，由于传感器和执行器本身的精度限制以及外界环境的干扰，采集到的原始数据往往存在噪声、缺失和不一致等问题。因此，在数据输入到智能算法模型之前，需要进行数据预处理。数据预处理技术包括数据清洗、转换和归一化处理等步骤，旨在提高数据的质量和一致性，为后续的智能算法应用提供可靠的数据支持。

2.智能算法应用

经过预处理的数据被输入到智能算法模型中，如模糊控制器、神经网络等。这些智能算法模型能够模拟人类的思维和决策过程，对输入数据进行复杂的分析和处理。模糊控制器是一种基于模糊集合理论的控制器，它通过模糊逻辑推理，将模糊输入映射为模糊输出，实现对系统的模糊控制。神经网络则是一种模仿人脑神经元网络结构和功能的数学模型，它通过学习和训练过程，形成复杂的非线性映射关系，能够处理各种复杂和不确定性的问题。在水利工程中，智能算法模型根据输入数据计算得出控制指令，这些指令是智能控制系统对水利工程进行智能控制的基础。

3.自适应调整

智能控制系统能够根据系统的实时状态和外部环境的变化，自适应地调整控制策略和参数。这种自适应调整能力是实现最优控制效果的关键。在水利工程中，由于水位、流量等外部条件的变化以及设备老化、故障等内部因素的影响，系统的运行状态往往会发生波动。智能控制系统通过实时监测和分析这些变化，动态调整控制策略和参数，以确保系统始终运行在最优状态。例如，在泵站的控制中，当水位升高或流量增大时，智能控制系统可以自动增加泵站的运行功率，以满足供水需求；当水位降低或流量减小时，智能控制系统则可以自动降低泵站的运行功率，以节约能源。

4.执行控制

将生成的控制指令发送至执行机构，实现对系统的智能控制。执行机构是智能控制系统与水利工程实际设备之间的接口，负责将控制指令转化为具体的操作动作。在水利工程中，执行机构可能包括水泵、闸门、电机等各种设备。智能控制系统通过精确控制这些设备的运行状态，实现对水利工程的智能控制。例如，在水闸的控制中，智能控制系统可以根据水位变化自动调整闸门开度，确保水流的平稳过渡和工程的安全运行。

4.2.3.3 应用实例

在水利工程中，智能控制技术已经被广泛应用于泵站的优化调度、水闸的自动控制和水库的防洪调度等多个方面。这些应用实例充分展示了智能控制技术的优势和价值。

1.泵站的优化调度

泵站是水利工程中的重要组成部分，负责将水资源从低处输送到高处或远距离输送。在传统的控制模式下，泵站的运行往往依赖于人工调度和经验判断，难以达到最优的运行效果。而智能控制技术的引入，为泵站的优化调度提供了一种更为科学、高效和可靠的方法。

智能控制系统可以根据实时水位、流量和用电负荷等信息，自动调整泵站的运行策略和工作状态。例如，在枯水期或低负荷时段，智能控制系统可以降低泵站的运行功率和流量，以减少能源消耗和运维成本；在丰水期或高负荷时段，智能控制系统则可以增加泵站的运行功率和流量，以满足供水需求。此外，智能控制系统还可以根据历史数据和实时监测数据，对泵站的运行效率进行评估和优化，进一步提高泵站的运行效果。

除基本的优化调度外，智能控制技术还可以用于泵站的故障诊断和预测维护。通过实时监测与分析泵站的运行状态和性能参数，使智能控制系统能够及时发现潜在的故障隐患，并预测故障的发生时间和影响程度。这种能力使得泵站的管理人员能够提前采取措施进行维修和更换，避免故障的发生对系统运行造成影响。

2.水闸的自动控制

水闸是水利工程中用于调节水流和控制水位的重要设施。在传统控制模式下，水闸的开启和关闭往往需要人工操作，不仅效率低下，而且难以保证控制的精确性和及时性。而智能控制技术的引入，为水闸的自动控制提供了一种更为便捷、高效和可靠的方法。

智能控制系统可以根据水位变化自动调整闸门开度，确保水流的平稳过渡和工程的安全运行。例如，在汛期或暴雨天气下，当上游水位超过警戒线时，智能控制系统可以自动开启闸门放水，以降低上游水位并减轻下游防洪压力;当下游水位达到安全水位时,智能控制系统则可以自动关闭闸门,以防止水流倒灌和工程损坏。此外,智能控制系统还可以根据实时监测数据和历史数据,对水闸的运行状态进行评估和优化,进一步提高水闸的调节效率和控制精度。除基本的自动控制外,智能控制技术还可以用于水闸的远程监控和管理。通过安装远程监控设备并连接到智能控制系统,管理人员可以实时获取水闸的运行状态和性能参数,并对其进行远程控制和调整。这种远程监控和管理方式不仅提高了水闸的管理效率,还降低了管理成本和维护难度。

3.水库的防洪调度

水库是水利工程中用于蓄洪、调洪和兴利的重要设施。在防洪调度过程中,传统的方法往往依赖于人工计算和经验判断,难以应对复杂多变的雨情、水情和工情信息。而智能控制技术的引入,为水库的防洪调度提供了一种更为科学、精准和可靠的方法。

智能控制系统可以根据实时雨情、水情和工情信息,自动制定最优的防洪调度方案,并实时调整水库的蓄水量和泄流量。此外,智能控制系统还可以根据历史数据和实时监测数据,对水库的防洪能力进行评估和优化,进一步提高水库的防洪效果。

4.水库的优化运行和环境保护

通过实时监测和分析水库的水质、水量和生态环境等信息,智能控制系统能够制定科学合理的运行方案,实现水库的经济效益、社会效益和环境效益的协调发展。例如,在干旱季节或枯水期,智能控制系统可以根据实际需求调整水库的蓄水量和供水流量,以保障下游地区的用水需求;在汛期或暴雨天气下,智能控制系统则可以及时开启泄洪闸门放水,以降低水库的水位和风险等级。同时,智能控制系统还可以对水库周边的生态环境进行监测和保护,防止水库建设和运行对生态环境造成负面影响。

4.3　自动化控制技术的关键技术

4.3.1　传感器技术

4.3.1.1　定义与概述

传感器技术是自动化控制系统中不可或缺的核心部分,它负责实时采集工程现场的各类物理量信息,如水位、流量、压力、温度等,并将这些物理量信息精确转换为电信号或其他可处理的信号形式,以供控制系统进行深入的分析和处理。在水利工程中，传感器技术扮演着至关重要的角色，是实现自动化监测和控制的基础。通过传感器技术，水利工程管理人员能够实时掌握工程运行状况，及时发现并处理潜在问题，从而确保水利工程的安全、稳定运行。

传感器技术的工作原理基于物理效应、化学效应或生物效应等，将非电信号转换为电信号。在水利工程领域，常用的传感器类型包括水位传感器、流量传感器、压力传感器、温度传感器等。这些传感器通过内置的敏感元件，感知周围环境中的物理量变化，并将这种变化转化为电信号输出。例如，水位传感器利用浮力原理或压力原理来检测水位的高低，而流量传感器则通过测量流体通过管道时的速度或体积来计算流量。

4.3.1.2 关键技术点

1.高精度与稳定性

水利工程对传感器的高精度和长期稳定性有着极高的要求。由于水利工程涉及的水位、流量、压力等参数直接关系到工程的安全和运行效率，因此传感器必须能够准确反映这些参数的真实值。例如，在泵站监测中，水位传感器和压力传感器需要能够精确反映水池中的水位变化和管道中的压力变化，任何微小的误差都可能导致监测数据的失真，进而影响控制系统的决策准确性。技术方向包括高精度 MEMS 传感器设计，如±0.5%FS 精度的电容式水位传感器；通过温度补偿等提升传感器稳定性；研发低功耗传感器，结合能量收集技术实现长寿命监测，降低应用成本和运维难度。这些技术提升了水利工程监测的可靠性和效率。精度 Acc 的计算公式为：

$$\mathrm{Acc}=\frac{|M_{\mathrm{meas}}-M_{\mathrm{true}}|}{\mathrm{FS}} \tag{4-1}$$

式中 M_{meas}——测量值；

M_{true}——真实值；

FS——量程。

通过温度补偿、抗干扰设计等手段可增强传感器在复杂环境下的稳定性，如渗流监测中引入的温度补偿算法可有效减小温度波动对测量结果的影响；利用能量收集技术和低功耗电路设计开发长寿命的传感器，如结合太阳能电池板的能量收集与超级电容器的储能技术，可以在无外部电源供应的情况下，实现传感器的长期自供电运行。这种设计不仅降低了传感器的功耗，还显著延长了其使用寿命，减少了频繁更换传感器的需求，从而降低了应用成本和运维难度。

为了实现高精度和稳定性，传感器通常采用先进的制造工艺和材料，如精密机械加工、高性能陶瓷材料等。同时,传感器还需要经过严格的校准和测试,以确保其在整个工作范围内都能保持高精度和稳定性。此外,传感器还需要具备一定的抗干扰能力,能够抵御外界环境因素的干扰,如温度波动、电磁干扰等。

2.多样化与适应性

水利工程涉及多种物理量的监测,因此传感器类型需要多样化,以适应不同场合的需求。例如,在闸门自动化监控系统中,除需要监测闸门的开度、水位、流量等参数外,还需要监测闸门的运行状态、电机电流电压等参数。这就需要使用不同类型的传感器来实现全面的监测。同时,传感器还需要具备一定的环境适应性,能够在恶劣的环境下正常工作。水利工程往往处于户外环境,面临着高温、高湿、强电磁干扰等恶劣条件。因此,传感器需要具备防水、防尘、耐高温、抗电磁干扰等特性,以确保其在各种恶劣环境下都能保持稳定的性能。

3.智能化与网络化

随着物联网技术的发展,传感器逐渐向智能化和网络化方向发展。智能化传感器不仅具备数据采集功能,还能对采集到的数据进行初步处理和分析,如数据滤波、特征提取等,从而减轻控制系统的负担。例如,一些智能水位传感器能够实时计算水位的变化率,并根据预设的阈值进行报警,提高了监测的实时性和准确性。网络化传感器则可以通过无线网络将数据传输至控制中心,实现远程监测和控制。这种网络化的传输方式不仅提高了数据传输的效率和可靠性,还使得水利工程管理人员能够随时随地掌握工程运行状况。例如,在远程监控系统中,通过安装在网络节点上的传感器,可以实时监测各个闸门的运行状态和水位情况,并将数据传输至控制中心进行统一处理和分析。

4.3.1.3　应用实例

在水利工程中,传感器技术的应用实例不胜枚举。下文以闸门自动化监控系统为例,详细阐述传感器技术在其中的应用。

(1)闸门开度监测。闸门开度是闸门自动化监控系统中的一个重要参数,它直接关系到闸门的泄流能力和水利工程的安全。为了实时监测闸门的开度,可以在闸门启闭机上安装旋转式编码器或直线位移传感器。这些传感器能够精确测量闸门的开启角度或位移量,并将数据转换为电信号输出至控制系统。赵旭春(2022)认为,在闸门自动化监控系统中,就采用了这种传感器技术来监测闸门的开度。通过实时监测闸门的开度变化,控制系统可以精确控制闸门的启闭过程,确保闸门的运行稳定和安全。

(2)水位监测。水位是水利工程中的一个关键参数,它直接关系到水利工程的蓄水和泄流能力。为了实时监测水位变化,可以在水池或河道中安装水位传感器。这些传感器通过测量水体对传感器敏感元件的压力或浮力来计算水位的高度,并将数据转换为电信号输出至控制系统。林根昌(2024)认为,在泵站水利工程中,水位传感器被广泛应用于水池的水位监测。通过实时监测水位变化,控制系统可以自动调节泵站的运行参数,确保水池的水位保持在合理范围内。这不仅提高了泵站的运行效率,还减少了能源的浪费。

(3)流量监测。流量是水利工程中的一个重要参数,它反映了水体的流动速度和体积。为了实时监测流量变化,可以在管道中安装流量传感器。这些传感器通过测量流体通过管道时的速度或体积来计算流量的大小,并将数据转换为电信号输出至控制系统。在闸门自动化监控系统中,流量传感器被用于监测闸门的泄流能力。通过实时监测流量变化,控制系统可以精确控制闸门的开启程度,确保水利工程的泄流能力满足实际需求。这不仅提高了水利工程的运行效率,还减少了水资源的浪费。

(4)压力监测。压力是水利工程中的一个关键参数,它直接关系到水利工程的结构安全和设备的正常运行。为了实时监测压力变化,可以在管道或设备上安装压力传感器。这些传感器通过测量介质对传感器敏感元件的压力来计算压力的大小,并将数据转换为电信号输出至控制系统。在泵站水利工程中,压力传感器被广泛应用于管道和泵站的压力监测。通过实时监测压力变化,控制系统可以自动调节泵站的运行参数,确保管道和泵站的安全运行。这不仅提高了泵站的运行效率,还延长了设备的使用寿命。

(5)电机状态监测。电机是闸门自动化监控系统中的关键设备之一,其运行状态直接关系到闸门的启闭能力和水利工程的安全。为了实时监测电机的运行状态,可以在电机上安装电流传感器、电压传感器和温度传感器等。这些传感器能够精确测量电机的电流、电压和温度等参数,并将数据转换为电信号输出至控制系统。在闸门自动化监控系统中,电机状态传感器被用于监测电机的运行状态。通过实时监测电机的电流、电压和温度等参数变化,控制系统可以及时发现电机的故障隐患并进行预警处理。这不仅提高了电机的运行可靠性,还减少了维修成本和停机时间。

4.3.2 控制算法技术

4.3.2.1 **定义与概述**

控制算法技术是自动化控制系统的核心组成部分,它负责根据传感器采集到的实时数据，通过一系列复杂的计算和分析过程，生成对执行器的精确控制指令，从而实现对工程现场设备的智能化、自动化控制。在水利工程领域，控制算法技术扮演着至关重要的角色，是实现高效、精准和可靠控制的关键。通过运用先进的控制算法，水利工程系统能够更灵活地应对各种复杂多变的运行环境和外部干扰，确保水利设施的安全稳定运行，提高水资源的利用效率和管理的智能化水平。

4.3.2.2　关键技术点

（1）实时性与准确性。水利工程对控制算法的实时性和准确性要求极高。在洪水预警、防洪调度等紧急情况下，控制算法需要能够在极短的时间内对传感器采集到的数据进行快速响应和分析，迅速计算出最优的控制策略，并生成准确的控制指令。例如，在洪水预警系统中，控制算法需要实时监测降雨量、水位等关键参数，一旦超过预设的阈值，立即触发报警机制，并制订出合理的泄洪方案，以最大程度地减少洪水对下游地区的影响。这种对实时性和准确性的高要求，使得控制算法必须具备高效的数据处理能力和精确的算法设计。

（2）鲁棒性与自适应性。由于水利工程系统的复杂性和不确定性，控制算法需要具备较强的鲁棒性和自适应性。鲁棒性是指控制算法在面对系统参数变化、外部干扰、传感器噪声等不确定因素时，仍能保持稳定的控制效果，确保系统的安全性和可靠性。例如，在水泵控制系统中，当水泵的运行状态发生变化（如流量波动、压力变化）或外部环境条件发生改变（如温度变化、水质变化）时，控制算法需要能够及时调整控制策略，保持水泵的高效稳定运行。自适应性则是指控制算法能够根据系统的实时状态和外部环境的变化，自动调整控制参数和控制策略，以适应新的运行条件。例如，在灌溉系统中，控制算法需要根据土壤湿度、作物需水量等实时数据，自动调整灌溉水量和灌溉时间，以实现精准灌溉和节水灌溉。

（3）智能化与优化性。随着智能技术的快速发展，控制算法逐渐向智能化和优化性方向发展。智能化控制算法能够利用人工智能、模糊控制、神经网络等先进技术，实现系统的自学习、自适应和自组织功能。例如，在泵站优化调度中，智能化控制算法可以通过对历史运行数据的分析和学习，自动调整调度策略，以提高泵站的运行效率和能源利用效率。同时，智能化控制算法还能够根据实时数据的变化，自动识别系统故障和异常情况，并及时采取相应的应对措施。优化性控制算法则能够通过对系统模型的分析和优化，生成最优的控制指令，提高系统的运行效率和稳定性。例如，在水库调度优化中，优化性控制算法可以通过对水库水位、入库流量、出库流量等关键参数的优化计算，制订出最优的调度方案,以实现水库蓄水的最大化利用和防洪效益的最大化。

4.3.2.3 应用实例

(1)模糊控制算法在泵站运行中的应用。模糊控制算法是一种基于模糊逻辑的控制方法,它能够处理模糊和不确定的信息,实现系统的智能控制。在泵站运行控制中,模糊控制算法可以通过对泵站水位、流量、压力等运行参数的分析和处理,自动生成最优的控制指令,以实现对泵站的智能调度和优化运行。例如,在农田灌溉泵站中,模糊控制算法可以根据土壤湿度、作物需水量等实时数据,自动调整灌溉水量和灌溉时间,以实现精准灌溉和节水灌溉。同时,模糊控制算法还能够根据泵站的运行状态和环境条件的变化,自动调整控制策略,保持泵站的高效稳定运行。通过应用模糊控制算法,泵站系统的智能化水平和运行效率得到了显著提升。

(2)遗传算法在水库调度优化中的应用。遗传算法是一种基于自然选择和遗传机制的优化算法,它能够在复杂的问题空间中搜索最优解。在水库调度优化中,遗传算法可以通过对水库水位、入库流量、出库流量等关键参数的优化计算,制订出最优的调度方案。例如,在多目标水库调度优化中,遗传算法可以综合考虑防洪、发电、灌溉等多个目标函数,通过迭代计算搜索出最优的调度策略。与传统优化算法相比,遗传算法具有更强的全局搜索能力和鲁棒性,能够在复杂的问题空间中找到更优的解。通过应用遗传算法,水库调度系统的优化效果和智能化水平得到了显著提高,为水资源的合理利用和防洪减灾提供了有力支持。

(3)智能控制技术在灾害预防与应对中的应用。在水利工程中,灾害预防与应对是一项重要任务。智能控制技术通过集成高精度的传感器网络、先进的算法模型和实时监控系统,能够实现对洪水、台风、地震等自然灾害的精准预警和有效应对。例如,在洪水预警系统中,智能控制技术可以通过实时监测降雨量、水位等关键参数,结合气象预报和历史数据,预测洪水的发生时间和规模,并提前发出预警信息。同时,智能控制技术还可以根据预警结果自动调整水库泄洪闸门的开启度,以控制水流、减少下游地区的洪水风险。在台风和风暴潮等灾害的预防和应对中,智能控制技术也能够发挥重要作用。通过实时监测风速、气压等气象参数,智能控制技术可以预测台风路径和强度,并自动调整海堤和防洪墙的防护措施,如关闭防洪门、启动排水系统等,以有效应对风暴潮带来的潜在威胁。

(4)基于神经网络的降雨预测与水资源管理。神经网络是一种模仿生物神经网络结构和功能的数学模型,具有强大的非线性拟合能力和自学习能力。在水利工程中,基于神经网络的降雨预测模型可以通过学习历史降雨数据和气象因素，实现对未来降雨情况的准确预测。这种预测结果可以为水资源管理和防洪减灾提供重要依据。例如，在水库调度中，基于神经网络的降雨预测模型可以结合水库水位、入库流量等实时数据，制定出最优的调度方案，以最大程度地利用水资源和减少洪涝灾害的影响。同时，基于神经网络的降雨预测模型还可以结合其他相关技术（如地理信息系统、遥感技术等），实现对降雨过程的精细化模拟和预测，为水资源管理提供更加科学和可靠的决策支持。

(5)智能监测与控制技术在生态环境保护中的应用。智能监测与控制技术在生态环境保护中也发挥着重要作用。通过部署在水体中的各种传感器（如溶解氧传感器、酸碱度传感器、浊度传感器等），智能监测系统可以实现对水质变化的连续监测和数据分析。基于这些监测数据，智能控制技术可以精确调控水库、湖泊和河流的水位和流速，以维持水生生态系统的平衡和保护水资源的可持续利用。例如，在河流生态修复项目中，智能控制技术可以通过调节水坝的放水量来模拟自然河流的季节性流动模式，为河流生态系统提供适宜的生境条件。同时，智能控制技术还可以结合生态工程方法（如人工湿地、生态净化系统等），实现对水体污染的有效控制和生态环境的持续改善。通过应用智能监测与控制技术，水利工程的生态环境效益得到了显著提升。

4.3.3　信息化技术

4.3.3.1　定义与概述

信息化技术是指运用现代信息技术手段，对水利工程的规划、设计、建设、运行和维护等各个环节进行数字化、网络化和智能化的改造和升级，以提高水利工程的管理效率、运行水平和决策能力。信息化技术涵盖了多个方面，包括数据采集与处理技术、通信技术、计算机技术、网络技术和智能控制技术等，这些技术在水利工程中的应用，实现了对水利工程的全面感知、实时监控、智能分析和精准控制。通过信息化技术的运用，水利工程能够更好地适应复杂多变的自然环境和社会需求，提高水资源的利用效率和管理的智能化水平。

4.3.3.2　关键技术点

(1)数据采集与处理技术。是信息化技术在水利工程中的基础。通过部署在水利工程现场的各类传感器和监测设备，可以实时采集水位、流量、水质、气象等关键数据，并将这些数据传输至数据中心进行存储和处理。在数据处理过程中，运用数据挖掘、数据分析、数据融合等技术手段，可以实现对采集到的数据进行清洗、校验、整合和分析，提取出有价值的信息，为水利工程的运行管理和决策支持提供数据基础。例如，在泵站水利工程中，通过采集泵站的运行状态数据（如电机电流、电压、转速等），运用数据处理技术可以实时评估泵站的运行效率和能耗情况，为泵站的优化调度和节能降耗提供科学依据。

（2）通信技术。是信息化技术在水利工程中实现远程监控和智能控制的关键。通过有线或无线通信技术，可以将水利工程现场的监测数据传输至远程监控中心，实现数据的实时共享和远程访问。同时，通信技术还可以支持远程指令的下发和执行，实现对水利工程现场设备的远程控制和操作。例如，在防汛减灾体系中，通过卫星通信、移动通信等技术手段，可以将气象预报、水文监测等关键信息实时传输至防汛指挥中心，为防汛决策提供科学依据。通过运用物联网技术，还可以实现水利工程设备之间的互联互通，构建智能化的水利工程物联网系统。在水利工程监测领域，无线通信技术的研究重点包括长距离无线传输技术，如 LoRa、NB-IoT 等。这些技术能满足监测中远距离数据传输的需求，其中，LoRa 技术能实现超过 10 km 的通信。在数据传输可靠性研究中，通过前向纠错编码（FEC）技术提升无线传输的可靠性，其可靠性计算公式为

$$\mathrm{Rel} = N_{\mathrm{recv}} / N_{\mathrm{sent}} \tag{4-2}$$

式中 Rel——可靠性，即正确接收的数据包占总发送数据包的百分比；

N_{recv}——正确接收的数据包数量；

N_{sent}——总发送的数据包数量。

运用遗传算法、粒子群优化算法等对监测网络的覆盖范围和节点密度进行优化，确保网络资源的合理配置。这些研究方向的进展，为水利工程监测提供了稳定、高效的通信保障。

（3）计算机技术。在信息化技术中扮演着核心角色。通过运用高性能计算、云计算、大数据等技术手段，可以对水利工程中采集到的大量数据进行高效处理和分析，实现对水利工程的智能化管理和决策支持。例如，在水利工程设计阶段，运用计算机辅助设计（CAD）和计算机辅助工程（CAE）技术，可以提高设计效率和质量；在水利工程运行阶段，运用大数据分析技术，可以对历史运行数据进行挖掘和分析，预测未来的运行趋势和可能的风险点；在水利工程维护阶段，运用智能诊断技术，可以对设备的故障进行快速定位和修复。

（4）网络技术。是信息化技术在水利工程中实现信息共享和协同工作的基础。通过构建水利工程信息化网络平台，可以实现不同部门、不同系统之间的信息共享和协同工作，提高水利工程的管理效率和决策能力。例如，在水利工程管理系统中，通过网络技术可以实现监测数据、工程信息、管理资料等信息的共享和交换；在防汛减灾体系中，通过网络技术可以实现气象、水文、防汛等部门之间的信息共享和协同作战。此外，通过运用虚拟专用网络（VPN）、防火墙等网络安全技术，还可以确保水利工程信息化网络的安全性和稳定性。

（5）智能控制技术。是信息化技术在水利工程中实现自动化和智能化控

制的关键。通过运用模糊控制、神经网络、遗传算法等智能控制算法,可以根据水利工程的实际运行情况和外部环境变化,自动调整控制策略和参数,实现对水利工程的精准控制。例如,在泵站水利工程中,通过运用智能控制技术,可以根据水位、流量等实时数据,自动调整泵站的运行模式和参数,提高泵站的运行效率和能源利用效率;在防洪减灾体系中,通过运用智能控制技术,可以根据气象预报、水文监测等实时数据,自动调整水库的泄洪策略和防洪措施,减少洪涝灾害的影响。

4.3.3.3 应用实例

(1)信息化技术在水利工程规划阶段的应用。在水利工程规划阶段,信息化技术可以通过地理信息系统(GIS)、遥感技术、数据挖掘等手段,为水利工程的选址、布局和设计提供科学依据。例如,通过运用 GIS 技术,可以对水利工程所在区域的地形地貌、水文地质、气候条件等进行分析和评估,为水利工程的选址提供科学依据;通过运用遥感技术,可以对水利工程所在区域的水域、土壤、植被等进行监测和分析,为水利工程的设计提供数据支持;通过运用数据挖掘技术,可以对历史降雨、洪水等数据进行挖掘和分析,为水利工程的防洪设计提供依据。

(2)信息化技术在水利工程建设阶段的应用。在水利工程建设阶段,信息化技术可以通过远程监控、智能控制等手段,提高水利工程的建设质量和效率。例如,通过运用远程监控技术,可以对水利工程的施工现场进行实时监控和管理,确保施工过程的合规性和安全性;通过运用智能控制技术,可以对水利工程的施工设备进行智能控制和调度,提高施工效率和设备利用率。此外,通过运用建筑信息模型(BIM)技术,还可以实现水利工程的三维可视化设计和施工管理,提高水利工程的设计质量和施工精度。

(3)信息化技术在水利工程运行阶段的应用。在水利工程运行阶段,信息化技术可以通过实时监测、数据分析等手段,提高水利工程的运行效率和安全性。例如,通过运用传感器网络和远程监控技术,可以实现对水利工程运行状态和关键参数的实时监测和传输,为水利工程的运行管理提供数据支持;通过运用数据分析技术,可以对采集到的数据进行处理和分析,评估水利工程的运行效率和能耗情况,为水利工程的优化调度和节能降耗提供依据;通过运用智能控制技术,可以根据实时监测数据和预测模型,自动调整水利工程的运行参数和控制策略,提高水利工程的运行效率和安全性。

(4)信息化技术在水利工程维护阶段的应用。在水利工程维护阶段,信息化技术可以通过智能诊断、远程维护等手段,提高水利工程的维护效率和质量。例如,通过运用智能诊断技术,可以对水利工程设备的故障进行快速定位和修复,减少设备停机时间和维修成本;通过运用远程维护技术,可以实现对水利工程设备的远程监控和维护,提高维护效率和质量。此外,通过运用大数据分析和人工智能技术,还可以对水利工程设备的运行数据进行深度挖掘和分析,预测设备的故障趋势和维护需求,提前制订维护计划和措施。

(5)信息化技术在防汛减灾中的应用。在防汛减灾中,信息化技术可以通过实时监测、预警预报等手段,提高防汛减灾的效率和准确性。例如,通过运用自动水文监测站和遥感技术,可以实现对河流、湖泊、水库等水域的实时监测和数据采集,为防汛决策提供科学依据;通过运用数据挖掘和人工智能技术,可以对历史降雨、洪水等数据进行挖掘和分析,建立洪水预报模型,提高洪水预报的准确性和时效性;通过运用智能控制系统和通信技术,可以实现对水库、堤防等防洪工程的远程监控和智能控制,提高防汛减灾的效率和效果。此外,通过运用信息化技术还可以构建防汛减灾信息共享平台,实现气象、水文、防汛等部门之间的信息共享和协同作战,提高防汛减灾的整体效能。

(6)信息化技术在生态环境保护中的应用。在生态环境保护中,信息化技术可以通过实时监测、数据分析等手段,提高生态环境保护的效果和效率。例如,通过运用水质传感器和远程监控技术,可以实现对水质的实时监测和数据采集,为水环境保护和治理提供科学依据;通过运用大数据分析和人工智能技术,可以对水质数据进行深度挖掘和分析,评估水环境的健康状况和污染趋势,为水环境保护和治理提供决策支持;通过运用智能控制技术和物联网技术,可以实现对水环境保护和治理设施的远程监控和智能控制,提高水环境保护和治理的效率和效果。此外,通过运用信息化技术还可以构建生态环境保护信息共享平台,实现环保部门、科研机构、社会监督机构等之间的信息共享和协同作战,提高生态环境保护的整体效能。

(7)信息化技术在水利工程管理中的综合应用。除上述具体应用领域外,信息化技术在水利工程管理中还可以实现综合应用。例如,通过构建水利工程信息化管理系统,可以实现水利工程规划、设计、建设、运行和维护等各个环节的信息化管理和集成化应用;通过运用大数据分析技术,可以对水利工程的历史数据和实时数据进行挖掘和分析,为水利工程的优化设计和高效运行提供科学依据;通过运用人工智能技术,可以对水利工程的运行状态进行智能诊断和预测,提前发现潜在风险和问题,为水利工程的安全运行提供保障。此外,通过运用云计算和物联网技术,还可以实现水利工程信息化资源的共享和协同工作,提高水利工程的管理效率和决策能力。

第 5 章　水利工程自动化控制系统设计及应用案例

智能监测与自动化控制技术的应用为水利工程带来了显著的经济效益和社会效益。本章将总结智能监测与自动化控制技术在提高水利工程运行效率、保障工程安全、优化资源配置等方面的应用成效，通过具体数据和案例分析，展示其在水利工程中的重要作用和价值。

5.1　水利工程自动化控制系统的设计原则

在水利工程中，自动化控制系统的设计是确保工程安全、高效运行的关键。一个科学合理的设计原则能够指导系统的开发、实施和维护，从而提高整个水利工程的管理水平和运行效率。

5.1.1　可靠性原则

5.1.1.1　定义与重要性

可靠性原则是指水利工程自动化控制系统在设计、实施和运行过程中，必须确保系统具有高度的稳定性和可靠性，能够在各种复杂多变的工作环境和工况条件下持续、稳定、安全地运行，避免因系统故障或失效导致的工程事故、经济损失或环境损害。在水利工程领域，系统的可靠性直接关系到工程的整体安全性、稳定性和运行效率，是保障水利工程正常运行和发挥预期效益的关键因素。因此，可靠性原则是水利工程自动化控制系统设计、开发和运维过程中必须严格遵循的首要原则。

5.1.1.2　关键要素

（1）硬件选型。是确保水利工程自动化控制系统可靠性的基础。在硬件选型过程中，需要充分考虑设备的性能、质量、可靠性和适应性。高质量的硬件设备应具备良好的稳定性、耐久性和抗干扰能力，能够在恶劣环境下长期稳定运行。例如，在水利闸门自动化控制系统中，PLC（可编程逻辑控制器）作为核心控制设备，其选型至关重要。高质量的 PLC 应具备高可靠性、高稳定性、高运算速度和强大的通信能力，能够适应水利闸门控制的复杂需求和恶劣环境。此外，传感器、执行器等关键设备的选型也应遵循类似的原则，确保整个系统的硬件基础牢固可靠。

(2)软件设计。是水利工程自动化控制系统可靠性的重要保障。在软件设计过程中，需要采用稳定可靠的软件平台和开发环境，遵循良好的编程规范和设计原则，确保软件系统的逻辑清晰、代码简洁、易于维护和扩展。同时，需要进行充分的测试和优化，包括单元测试、集成测试、系统测试等，以发现并修复潜在的软件缺陷和漏洞。此外，设计合理的容错机制和故障恢复策略也是软件设计过程中需要考虑的重要因素。通过引入冗余设计、错误隔离、故障恢复等技术手段，可以提高软件系统的容错能力和可靠性，确保系统在出现故障时能够迅速恢复并继续正常运行。

(3)冗余设计。是提高水利工程自动化控制系统可靠性的有效手段。在关键设备和环节上采用冗余设计，可以显著提高系统的冗余度和容错能力。例如，在水利枢纽工程的自动化控制系统中，可以采用双机热备、多路径传输等冗余设计方式，确保在主设备或主路径出现故障时，备用设备或备用路径能够迅速接管工作，保障系统的正常运行。此外，在传感器网络、通信线路等关键环节也可以采用冗余设计，以提高系统的可靠性和稳定性。通过冗余设计，可以减小系统故障的概率和影响范围，确保水利工程自动化控制系统的持续稳定运行。

(4)信息安全保障。是水利工程自动化控制系统可靠性的重要组成部分。随着信息技术的快速发展和广泛应用，水利工程自动化控制系统面临着越来越多的网络安全威胁。因此，在设计、开发和运维过程中，必须充分考虑信息安全问题，采取有效的信息安全保障措施。例如，采用加密技术保护敏感数据的传输和存储安全；建立严格的访问控制机制，限制非法用户的访问和操作；部署防火墙、入侵检测系统等安全设备，防范外部网络攻击和恶意软件的入侵；定期进行安全审计和漏洞扫描，及时发现并修复系统存在的安全漏洞。通过加强信息安全保障，可以提高水利工程自动化控制系统的安全性和可靠性，确保系统的正常运行和数据的安全完整。

(5)环境适应性。是水利工程自动化控制系统可靠性的重要体现。水利工程通常位于复杂多变的自然环境中，如河流、湖泊、水库等水域附近，面临着高温、低温、潮湿、腐蚀等多种恶劣环境条件的挑战。因此，在设计水利工程自动化控制系统时，必须充分考虑环境因素对系统的影响，选择具有良好环境适应性的硬件设备和组件。例如，采用防水、防尘、防腐、耐高温或低温等特殊设计的传感器和执行器；选择具有宽温范围、高抗干扰能力的 PLC 等控制设备。

同时,还需要采取有效的防护措施,如安装防护罩、散热器、加热器等设备,确保系统在各种恶劣环境条件下都能正常运行。

5.1.1.3　**实例分析**

(1)水利闸门自动化控制系统。在水利闸门自动化控制系统中,可靠性原则得到了充分的应用和体现。该系统采用 PLC 作为核心控制设备,通过选择合适的 PLC 型号和配置,确保了系统的高可靠性和高稳定性。同时,在传感器和执行器的选型上,也充分考虑了环境因素和性能要求,选择了具有高精度、高稳定性和良好环境适应性的设备。此外,该系统还采用了冗余设计,如双机热备、多路径传输等,提高了系统的冗余度和容错能力。在软件设计方面,采用稳定可靠的软件平台和开发环境,遵循良好的编程规范和设计原则,确保软件系统逻辑清晰、代码简洁、易于维护和扩展。通过这些措施的应用和实施,该水利闸门自动化控制系统在实际运行中表现出了高度的可靠性和稳定性,有效保障了水利工程的安全运行和效益发挥。

(2)大型泵站自动化控制系统。在大型泵站自动化控制系统中,可靠性原则同样得到了充分的应用和体现。该系统采用了先进的计算机技术和自动化技术,实现了对泵站的远程监控和智能控制。在硬件选型上,系统选择了高质量的传感器、执行器和控制设备,如高精度流量计、压力传感器、智能电动阀门等,确保了系统的高精度和可靠性。同时,在软件设计方面,系统采用了模块化、层次化的设计思想,将系统功能划分为不同的模块和层次,便于系统的维护和升级。此外,该系统还采用了冗余设计和容错机制,如双机热备、多路径通信等,提高了系统的冗余度和容错能力。在实际运行中,该系统表现出了高度的可靠性和稳定性,有效保障了大型泵站的正常运行和供水安全。

(3)防汛减灾自动化控制系统。在防汛减灾自动化控制系统中,可靠性原则同样具有至关重要的意义。该系统通过集成水文监测、气象预报、洪水预报、防洪调度等功能模块,实现了对洪涝灾害的实时监测和预警预报。在硬件选型上,系统选择了具有高精度、高稳定性和良好环境适应性的监测设备,如自动水文监测站、雷达测雨仪等,确保了监测数据的准确性和可靠性。同时,在软件设计方面,系统采用了先进的数据挖掘和人工智能技术,实现了对监测数据的实时分析和处理,提高了洪水预报的准确性和时效性。此外,该系统还采用了冗余设计和信息安全保障措施,确保了系统的可靠性和安全性。在实际运行中,该系统为防汛减灾工作提供了有力的技术支撑和决策支持,有效保障了人民群众的生命财产安全。

(4)数字孪生水利工程安全智能分析预警系统。是一种基于数字化、网络化和智能化技术的新型水利工程安全管理系统。该系统通过构建水利工程的物理模型和虚拟模型,实现了对水利工程的实时监测、模拟仿真和智能预警。在可靠性原则方面,该系统采用了高质量的硬件设备和组件,如高精度传感器、高速通信网络、高性能计算设备等,确保了系统的高精度和可靠性。同时,在软件设计方面,系统采用了先进的算法和模型,如数据挖掘算法、机器学习算法、物理仿真模型等,实现了对监测数据的实时分析和处理。此外,该系统还采用了冗余设计和信息安全保障措施,确保了系统的冗余度和安全性。在实际运行中,该系统为水利工程的安全运行提供了有力的技术支撑和决策支持,有效提高了水利工程的安全管理水平和应急响应能力。

5.1.2 实时性原则

5.1.2.1 定义与重要性

实时性原则是指水利工程自动化控制系统必须能够实时地采集、处理和反馈工程现场的数据和信息,确保系统能够迅速响应各种变化,及时做出正确的决策和控制。这一原则在水利工程领域具有至关重要的意义。水利工程作为基础设施的重要组成部分,其运行状态直接影响到人民群众的生产生活和社会经济的稳定发展。因此,确保水利工程的实时性控制,能够及时发现并解决潜在问题,避免事故的发生,保障工程的安全运行。同时,实时性原则还能够提高水利工程的运行效率,优化资源配置,实现经济效益和社会效益的最大化。

5.1.2.2 关键要素

(1)数据采集。实现实时性原则的首要环节是数据采集。在水利工程自动化控制系统中,需要采用高速、高精度的传感器和采集设备,实时采集工程现场的各种物理量信息,如水位、流量、压力、温度等。这些传感器应具备高灵敏度、高稳定性和长寿命等特点,以确保采集数据的准确性和可靠性。例如,在闸门自动化监控系统中,使用了包括水位传感器、闸门开度传感器、压力传感器等多种类型的传感器,这些传感器能够实时监测闸门的开度、水位等关键参数,为系统的决策提供准确的数据支持。

(2)数据处理。在数据采集后,需要进行高效的数据处理。这包括数据的清洗、去噪、校准、滤波等预处理步骤,以及对处理后的数据进行实时分析,提取有用的信息并生成控制指令。为了实现实时数据处理,需要采用先进的数据处理算法和计算平台,如高性能的计算机集群、分布式计算系统等。同时,还需要优化数据传输网络,减少数据传输延迟和丢包率,确保数据的实时性和完整性。通过高效的数据处理，系统能够迅速响应工程现场的变化，及时调整控制策略，保障工程的稳定运行。

(3)控制响应。在数据处理的基础上，控制响应是实时性原则的最终体现。这要求系统具备快速响应的控制算法和执行机构，能够在接收到控制指令后迅速执行相应的操作。例如，在闸门自动化监控系统中，当水位超过预设阈值时，系统需要立即发出控制指令，调整闸门的开度以控制水位。为了实现快速响应，需要采用高性能的执行机构，如电动闸门驱动器、液压驱动系统等，并设计合理的控制算法，确保系统能够在最短时间内完成控制操作。

5.1.2.3　实例分析

(1)闸门自动化监控系统。以闸门自动化监控系统为例，该系统充分体现了实时性原则在水利工程自动化控制系统中的应用。闸门作为水利工程的重要组成部分，其运行状态直接影响到工程的安全性和运行效率。在闸门自动化监控系统中，通过实时监测闸门的开度、水位等参数，系统能够准确判断闸门的运行状态，并根据监测结果自动调整闸门的开度。当水位上升时，系统会及时发出控制指令，驱动闸门开启以调节水位；当水位下降时，系统会控制闸门关闭以防止水资源流失。在整个过程中，数据采集、数据处理和控制响应都实现了高度的实时性，确保了闸门的安全运行和高效控制。具体来说，闸门自动化监控系统采用了多种传感器来实时监测闸门的开度、水位等参数。这些传感器将采集到的数据通过高速数据传输网络传输到中央控制系统，系统采用高效的数据处理算法对采集到的数据进行实时分析，提取有用的信息并生成控制指令。然后，系统通过高性能的执行机构将控制指令传递给闸门驱动器，驱动闸门进行相应的操作。在整个过程中，数据采集、数据处理和控制响应都实现了无缝衔接和高度协同，确保了闸门的实时性控制。闸门自动化监控系统还具备故障诊断和预警功能。通过对采集到的数据进行分析和处理，系统能够及时发现闸门运行中的故障和异常情况，并发出预警信号。同时，系统还能够根据故障类型和严重程度自动采取相应的应对措施，如紧急停止闸门运行、切换备用电源等，以确保闸门的安全性和可靠性。这些功能的实现都依赖于实时性原则在水利工程自动化控制系统中的应用。

(2)智能灌溉系统。在农业灌溉领域，传统的人工灌溉方式存在水资源浪费、灌溉效率低下等问题。而智能灌溉系统通过引入自动化控制技术和传感器技术，实现了对灌溉过程的实时性控制。该系统通过安装在农田中的土壤湿度传感器、气象传感器等设备实时采集土壤湿度、降雨量、气温等参数，并根据采集到的数据自动调整灌溉水量和灌溉时间。例如，当土壤湿度低于预设阈值时,系统会立即启动灌溉设备开始灌溉;当土壤湿度达到预设值时,系统会自动停止灌溉以防止水资源浪费。整个过程中,数据采集、数据处理和控制响应都实现了高度的实时性,确保了灌溉过程的精准和高效。此外,智能灌溉系统还能够根据气象预报和作物生长周期等信息优化灌溉策略,进一步提高灌溉效率和作物产量。智能灌溉系统的实现同样依赖于实时性原则在水利工程自动化控制系统中的应用。通过高速、高精度的传感器和采集设备实时采集农田中的各种参数信息,系统能够准确判断农田的灌溉需求,并根据需求自动调整灌溉策略。同时,系统采用高效的数据处理算法与计算平台对采集到的数据进行实时分析和处理,生成相应的控制指令并驱动灌溉设备执行相应的操作。整个过程中,数据采集、数据处理和控制响应都实现了无缝衔接和高度协同,确保了灌溉过程的实时性控制。

(3)防洪调度系统。是水利工程自动化控制系统在防洪减灾领域的重要应用之一。该系统通过实时监测河流水位、降雨量、流量等参数信息,结合气象预报和洪水演进模型等信息,自动制定防洪调度方案并调整水利工程设施的运行状态。在防洪调度系统中,实时性原则同样具有重要意义。系统需要实时采集河流水位、降雨量等参数信息,并及时分析这些信息以判断洪水的发生概率和严重程度。同时,系统还需要根据分析结果自动调整水利工程设施的运行状态,如开启闸门泄洪、启动泵站排水等。在整个过程中,数据采集、数据处理和控制响应都需要实现高度的实时性,以确保防洪调度方案的准确性和有效性。例如,在台风登陆前夕,防洪调度系统需要实时监测河流水位和降雨量等信息,并结合气象预报和洪水演进模型等信息判断洪水的发生概率和严重程度。随后,系统会根据分析结果自动调整水利工程设施的运行状态,如提前开启闸门泄洪、启动泵站排水等,以减轻洪水对人民群众生命财产安全的威胁。在整个过程中,数据采集、数据处理和控制响应都实现了无缝衔接和高度协同,确保了防洪调度系统的实时性控制。

5.1.3 可扩展性原则

5.1.3.1 定义与重要性

可扩展性原则是指水利工程自动化控制系统在设计时必须充分考虑未来的扩展和升级需求,确保系统能够随着工程规模的不断扩大和技术的不断进步而不断完善与优化。这一原则在水利工程自动化控制系统中具有极其重要的意义。水利工程往往涉及复杂的水文地质条件、广阔的地域范围及长期的使用寿命,因此系统的可扩展性不仅关系到系统当前的运行效率和稳定性,更决定了系统在未来能否适应工程发展的需求,持续发挥作用。通过遵循可扩展性原则,水利工程自动化控制系统能够灵活地应对各种变化,包括工程规模的扩大、设备数量的增加、功能需求的变更及技术标准的升级等,从而确保系统的长期稳定运行和持续发展。

5.1.3.2　关键要素

(1)模块化设计。是实现系统可扩展性的重要手段。通过将系统划分为多个相对独立的模块或组件,可以方便地实现系统的扩展和升级。在水利工程自动化控制系统中,模块化设计体现在多个方面。例如,可以将整个系统划分为数据采集模块、监控模块、控制模块、通信模块等,每个模块都负责特定的功能,并通过标准化的接口与其他模块进行交互。这样,当需要增加新的功能或替换现有模块时,只需对相应模块进行操作,而无需对整个系统进行大规模改动,从而降低了系统的复杂性和维护成本。例如,在水利工程电站自动化系统中,电站监控系统、机组本体自动化系统、辅助控制系统等都可以作为独立的模块进行设计,便于未来的扩展和升级。

(2)标准化接口。是实现模块间互操作性和兼容性的关键。在水利工程自动化控制系统中,不同模块和组件之间需要频繁地进行数据交换和控制指令的传递,因此设计标准化的接口和协议至关重要。通过采用标准化的接口,可以确保不同厂商生产的设备或组件能够无缝地集成到系统中,实现互操作性和兼容性。同时,标准化的接口还有助于降低系统的集成成本和维护成本,提高系统的可靠性和稳定性。例如,在水利工程自动化控制系统中,可以采用国际通用的通信协议,如 Modbus、Profibus 等,确保不同设备之间的数据交换顺畅无阻。

(3)软件升级。是实现系统可扩展性的另一个重要方面。随着技术的不断进步和应用需求的不断变化,水利工程自动化控制系统需要不断地进行软件升级和功能扩展。因此,设计易于升级的软件平台和开发环境至关重要。通过采用先进的软件开发技术和工具,可以确保系统软件的快速升级和功能扩展。同时,支持远程在线升级可以进一步降低维护成本和提高系统的可用性。例如,在水利工程自动化控制系统中,可以采用云计算、大数据等先进技术,构建易于扩展和升级的软件平台,支持远程在线升级和功能扩展,满足水利工程不断发展和变化的需求。

5.1.3.3　实例分析

以某大型水利工程自动化控制系统为例,该系统在设计时充分考虑了可扩展性原则。系统采用了模块化设计方法,将整个系统划分为数据采集模块、监控模块、控制模块、通信模块等多个相对独立的模块。每个模块都采用了标准化的接口和协议，确保了模块间的互操作性和兼容性。同时，系统还采用了易于升级的软件平台和开发环境，支持远程在线升级和功能扩展。

在数据采集模块方面，系统采用了多种传感器和采集设备，实现了对水利工程各种参数的实时监测和采集。这些传感器和采集设备都采用了标准化的接口和协议，可以方便地与系统进行集成和交互。此外，系统还支持远程在线升级和扩展，可以根据实际需求增加新的传感器和采集设备，提高系统的监测精度和覆盖范围。

在监控模块方面，系统采用了先进的监控技术和设备，实现了对水利工程各种设备的实时监测和控制。监控模块采用了标准化的接口和协议，可以与不同厂商生产的设备进行无缝集成和交互。同时，系统还支持远程在线升级和扩展，可以根据实际需求增加新的监控功能和设备，提高系统的监控能力和可靠性。

在控制模块方面，系统采用了先进的控制算法和技术，实现了对水利工程各种设备的精确控制。控制模块采用了模块化设计方法，将控制功能划分为多个相对独立的模块，便于未来的扩展和升级。同时，系统还支持远程在线升级和扩展，可以根据实际需求增加新的控制功能和算法，提高系统的控制精度和响应速度。

在通信模块方面，系统采用了先进的通信技术和设备，实现了对水利工程各种数据的实时传输和交换。通信模块采用了标准化的接口和协议，可以方便地与不同网络和设备进行集成和交互。同时，系统还支持远程在线升级和扩展，可以根据实际需求增加新的通信功能和设备，提高系统的通信能力和可靠性。

通过采用可扩展性原则，该水利工程自动化控制系统成功地实现了扩展和升级需求。随着工程规模的不断扩大和技术的不断进步，系统可以方便地增加新的模块和功能，提高系统的监测精度、控制精度和通信能力。同时，系统还支持远程在线升级和功能扩展，降低了维护成本且提高了系统的可用性。这些优势使得该系统在水利工程领域得到了广泛应用和认可。

5.2 水利工程自动化控制系统的组成

水利工程自动化控制系统是提升水利工程运行效率、保障工程安全、实现智能化管理的重要手段。该系统集成了传感技术、通信技术、计算机技术、控制理论及系统工程等多学科知识，通过自动采集、传输、处理和分析工程相关数据，实现对水利工程设施的远程监控、自动控制和优化调度。

5.2.1　系统概述

水利工程自动化控制系统是一个复杂的综合体，它涵盖了从数据采集到控制执行的各个环节。系统的主要功能包括数据采集、传输、存储、处理、分析及自动控制等，旨在提高水利工程的运行效率、安全性和可靠性。系统通常由一个或多个监控中心、若干个远方端站（或称为现场控制单元）及必要的中继站组成，通过高速、可靠的通信网络实现数据的实时传输和指令的远程下发。

5.2.2　主要组成部分

5.2.2.1　传感器分系统

传感器分系统是水利工程自动化控制系统的前端，扮演着原始数据采集的关键角色。这一分系统由一系列高精度、高稳定性的传感器组成，它们能够精准地检测水利工程中的各种物理量，包括但不限于水位、流量、压力、温度、湿度、应变、位移等。这些传感器如同水利工程的“神经末梢”，实时感知着工程运行状态的微妙变化，并将这些变化转换为电信号或其他可识别的形式进行输出，为后续的数据处理和分析提供基础。

（1）水位计。在水利工程中，水位计是应用最为广泛的传感器之一。它用于测量水库、河道、渠道等水体的水位高度，是评估水资源储量、监测洪水风险及制定水利调度策略的重要依据。水位计的种类多样，有浮子式、压力式、超声波式等多种类型，每种类型都有其特定的适用场景和优势。例如，浮子式水位计结构简单、易于安装，适用于水位变化较大的河道；而超声波式水位计则具有测量范围广、精度高的特点，更适用于大型水库或湖泊的水位监测。

（2）流量计。在水利工程中同样占据重要地位。它用于测量水流的速度和体积，是评估水资源利用效率和水利工程效益的关键指标。流量计的选型需要根据水流的特性、管道的尺寸及测量的精度要求来确定。常见的流量计有电磁流量计、涡街流量计、超声波流量计等。电磁流量计适用于导电液体的流量测量，具有测量范围广、精度高的特点；涡街流量计则适用于测量含有固体颗粒或气泡的液体流量；超声波流量计则因其非接触式测量的特点，在测量大管径或不易接触的流体时具有明显优势。

（3）压力计。在水利工程设施的安全监测中发挥着重要作用。它用于测量管道、闸门、泵站等水利工程设施内部的压力，确保设施在设计压力范围内安全运行。压力计的种类繁多,有液柱式、弹性元件式、电气式等。液柱式压力计结构简单、直观易懂,但测量范围有限;弹性元件式压力计则具有测量范围广、精度较高的特点;电气式压力计则因其输出信号易于处理和传输,在自动化控制系统中得到广泛应用。

(4)温度计。是水利工程设计和运行中不可或缺的传感器。它用于测量水温和环境温度,为水利工程的热力学分析、设备选型及运行策略制定提供重要参考。温度计的种类也多种多样,有玻璃液体温度计、双金属片温度计、热电偶温度计等。玻璃液体温度计结构简单、易于读数,但易受环境温度影响;双金属片温度计则具有测量范围广、响应速度快的特点;热电偶温度计则因其测量范围广、精度高且能测量高温而得到广泛应用。

传感器分系统的性能直接影响到整个自动化控制系统的准确性和可靠性。因此,在选择传感器时,需要综合考虑其测量范围、精度、稳定性、耐用性及适应恶劣环境的能力等因素。测量范围应满足水利工程实际运行的需要,精度应达到设计和运行的要求,稳定性应保证长期运行的可靠性,耐用性应能抵御水利工程中的恶劣环境如水流冲击、泥沙磨损等,而适应恶劣环境的能力则是确保传感器在极端天气或特殊工况下仍能正常工作的重要保障。通过合理选择和优化配置传感器,可以显著提高水利工程自动化控制系统的性能和可靠性,为水利工程的安全、高效运行提供有力支撑。

5.2.2.2 通信分系统

通信分系统作为水利工程自动化控制系统的神经中枢,其核心职能在于实现数据的高效传输和指令的准确下发。这一系统通常由多个关键组件构成,包括信道机、天线及馈线、传输介质等。信道机是通信分系统的核心设备,负责信号的调制、解调,以及编码、解码等处理,确保数据在传输过程中的完整性和准确性。天线及馈线则负责将信道机处理后的信号辐射出去或接收来自其他设备的信号,是无线通信不可或缺的部分。传输介质则根据通信方式的不同,可以是光纤、电缆等有线介质,也可以是空气、水等无线介质。

在水利工程中,由于地形复杂多变,往往伴随着山峦起伏、河流纵横等自然障碍,同时环境恶劣,如气候多变、湿度大、腐蚀性气体存在等,这些因素都对通信系统的设计和实施提出了严峻挑战。因此,无线通信方式因其独特的优势而得到广泛应用。无线通信不受气候条件如雨雪、雾霾等的限制,能够保持相对稳定的通信质量。同时,其通信距离远,可以覆盖广阔的水利工程区域,满足远程监控和控制的需求。此外,无线通信方式灵活性强,可以根据实际需要调整通信设备的位置和参数,适应不同场景下的通信需求。最重要的是，无线通信方式的造价相对较低，能够降低水利工程的整体建设成本。

通信分系统的性能对于数据的实时性和准确性具有至关重要的影响。在水利工程自动化控制系统中，数据的实时性意味着能够迅速反映工程状态的变化，为决策提供及时的信息支持；而数据的准确性则是保证控制系统能够做出正确判断和执行的基础。为了确保通信的可靠性和稳定性，首先需要选择合适的通信方式。在有线通信和无线通信之间做出抉择时，需要综合考虑工程环境、通信距离、数据传输速率等多方面因素。同时，通信协议的选择也至关重要，它规定了数据通信的格式、流程和控制方式，直接影响到通信的效率和兼容性。

除通信方式和通信协议的选择外，通信网络的拓扑结构也是影响通信分系统性能的重要因素。拓扑结构决定了通信设备之间的连接方式和数据传输的路径，合理的拓扑结构可以提高通信网络的冗余度和可靠性，降低故障发生的概率。此外，带宽和延迟也是评价通信网络性能的关键指标。带宽决定了数据传输的最大速率，而延迟则反映了数据从发送端到接收端所需的时间。在水利工程自动化控制系统中，需要确保足够的带宽以满足大量数据的实时传输需求，同时尽量降低延迟以减少控制系统的响应时间。

为了确保通信分系统在恶劣环境下的正常运行，还需要考虑通信设备的抗干扰能力。水利工程现场往往存在各种干扰源，如电磁干扰、噪声干扰等，这些干扰都可能影响通信设备的正常工作。因此，通信设备需要具备良好的抗干扰性能，能够在复杂的电磁环境中保持稳定的工作状态。同时，冗余备份也是提高通信系统可靠性的重要手段。通过设置备用通信设备或通信路径，可以在主设备或路径发生故障时迅速切换至备用设备或路径，确保通信的连续性。最后，故障恢复机制也是通信分系统不可或缺的一部分。当通信系统发生故障时，故障恢复机制能够迅速定位故障点并采取相应的修复措施，以最短的时间恢复通信服务。

5.2.2.3　计算机应用分系统

计算机应用分系统是水利工程自动化控制系统的核心组成部分，扮演着数据接收、加工整理、存储、处理和分析，以及自动控制指令生成和下发的关键角色。这一分系统通常由高性能的计算机硬件、先进的数据库管理系统，以及定制化的应用软件等构成，它们协同工作，采用一系列复杂的算法和技术手段，对从各个传感器分系统实时采集到的海量数据进行高效、准确地处理和分析。这些处理和分析的结果，不仅为水利工程的设计阶段提供了科学的数据支持，还在工程的运行和管理过程中发挥了至关重要的作用，帮助决策者及时掌握工程状态,做出科学合理的决策。

(1)数据采集和存储。在水利工程自动化控制系统中,计算机应用分系统的首要功能是数据采集和存储。这一功能要求系统能够实时接收来自各类传感器的数据,这些数据可能包括水位、流量、水质、土壤湿度、气象条件等多种类型的信息。为了确保数据的准确性和完整性,系统会对接收到的数据进行初步的校验和过滤,去除异常或错误的数据点。随后,这些数据会被安全地存储在数据库中,数据库管理系统负责数据的组织、存储、检索和维护,确保数据的高效访问和长期保存。这样,无论是实时的监控需求,还是后续的数据分析、历史回溯,都能得到可靠的数据支持。

(2)数据处理和分析。是计算机应用分系统的另一项核心功能。在这一阶段,系统会对存储在数据库中的原始数据进行深入的处理和分析。这包括数据的清洗、转换、归一化等预处理操作,以及运用统计学方法、数据挖掘技术、机器学习算法等高级手段,对数据进行深入的分析和挖掘。通过这些处理和分析,系统能够生成各种详细的报表、直观的图表,以及深入的分析结果,如趋势分析、异常检测、预测模型等。这些成果不仅为水利工程的设计提供了科学依据,帮助工程师优化设计方案,且提高了工程的效率和安全性,还在工程的运行过程中,为管理人员提供了实时的监控信息,帮助他们及时发现并解决问题,确保了工程的稳定运行;同时,在工程的管理和维护阶段,这些数据分析结果也为决策提供了有力的支持,帮助管理者制订科学合理的维护计划和预算。

(3)自动控制。是计算机应用分系统的重要功能之一,也是水利工程自动化控制系统的核心目标之一。在这一功能下,系统会根据预设的控制算法和策略,对采集到的数据进行分析和判断,进而生成相应的自动控制指令。这些指令会被下发到现场的控制单元,如泵站控制器、闸门执行器等,实现对水利工程设施的远程监控和自动控制。例如,在水位控制中,系统可以根据实时水位数据和预设的水位范围,自动调节闸门的开度,以维持水位在设定范围内;在流量控制中,系统可以根据流量数据和需求,调节泵站的抽水速率,以满足灌溉、供水或防洪等需求。这种自动控制不仅提高了水利工程的运行效率,还大大减少了人工干预,降低了运行成本,同时提高了工程的安全性和可靠性。

(4)人机界面。是计算机应用分系统与用户之间交互的桥梁,也是系统友好性和易用性的重要体现。一个直观、友好的人机界面,能够让操作人员轻松上手,快速掌握系统的操作和使用方法。在水利工程自动化控制系统中,人机界面通常包括图形化的监控画面、实时数据显示、报警和事件记录、操作按钮和菜单等功能模块。监控画面能够直观地展示水利工程的布局和状态，如水位、流量、闸门位置等；实时数据显示则让操作人员能够随时了解工程的最新动态；报警和事件记录功能则能够及时提醒操作人员注意异常情况，并记录事件的发生和处理过程；操作按钮和菜单则提供了便捷的操作方式，让操作人员能够轻松地对系统进行控制和设置。通过这样的人机界面，操作人员可以方便地对自动化控制系统进行监控和操作，及时发现并处理问题，确保工程的正常运行。

此外，计算机应用分系统还需要具备高度的可靠性和稳定性，以确保在长时间、高负荷的运行过程中，能够持续、稳定地提供服务。这要求系统在硬件选型、软件设计、数据处理和存储等方面，都要采用先进的技术和手段，确保系统的性能和稳定性。同时，系统还需要具备良好的可扩展性和可维护性，以适应未来水利工程的发展和变化。例如，随着新技术的不断涌现和应用需求的不断变化，系统可能需要升级硬件、更新软件或增加新的功能模块；当系统出现故障或问题时，需要能够快速定位问题、进行修复和维护，以确保系统的正常运行。因此，在计算机应用分系统的设计和实施过程中，需要充分考虑这些因素，确保系统能够满足水利工程自动化控制系统的需求和要求。

5.2.2.4　现场控制单元（远方端站）

现场控制单元，作为水利工程自动化控制系统的执行核心，扮演着将监控中心的指令转化为实际操作的关键角色。它不仅是系统指令的接收端，更是水利工程设施实时监控和自动控制的直接执行者。现场控制单元通常由高性能的单片机或嵌入式系统作为控制核心，配合各类传感器、执行器及通信模块等硬件组件，构成了一个能够独立完成数据采集、处理、传输和自动控制等功能的完整系统。现场控制单元的主要功能包括：

（1）数据采集是现场控制单元的基础功能之一。在水利工程中，各种物理量如水位、流量、压力、温度等，都是反映工程状态和运行情况的重要指标。现场控制单元通过配置的各类传感器，能够实时、准确地采集这些物理量的数据。传感器作为数据采集的前端设备，其精度和稳定性直接关系到采集数据的准确性和可靠性。采集到的数据经过现场控制单元的处理后，会通过通信模块传输到监控中心，为后续的数据分析、处理和控制提供基础。

（2）自动控制是现场控制单元的另一项核心功能。它根据监控中心下发的指令，通过执行器对水利工程设施进行实时控制。执行器作为自动控制的末端设备，其响应速度和执行精度直接影响到控制效果。例如，在水泵控制中,现场控制单元可以根据监控中心的指令,启动或停止水泵,以调节水量;在闸门控制中,它可以调节闸门的开度,以控制水位和流量。这种自动控制不仅提高了水利工程的运行效率,还大大减少了人工干预,降低了运行成本,同时增强了工程的安全性和可靠性。

(3)通信是现场控制单元与监控中心之间联系的桥梁。它负责接收监控中心下发的指令,并将采集到的数据上传至监控中心。通信模块的性能直接影响到指令的传输速度和数据的实时性。在水利工程自动化控制系统中,通常采用有线或无线的通信方式。有线通信方式如光纤、电缆等,具有传输速度快、稳定性高的优点,但受布线限制,灵活性相对较差;无线通信方式如无线电、卫星通信等,则具有布线方便、灵活性强的优点,但在某些地区可能受到信号干扰或遮挡的影响。因此,在选择通信方式时,需要根据水利工程的实际情况和需求进行综合考虑。

(4)故障检测与报警是现场控制单元的重要功能之一。它对水利工程设施的运行状态进行实时监测,一旦发现故障或异常情况,如设备损坏、数据异常等,会立即向监控中心发送报警信息。这种实时的故障检测和报警机制,能够帮助管理人员及时发现并处理问题,防止故障扩大化,确保工程的正常运行。为了实现故障检测与报警功能,现场控制单元通常需要内置故障检测算法和报警逻辑。故障检测算法通过对采集到的数据进行分析和处理,判断设备是否处于正常状态;报警逻辑则根据故障检测算法的结果,决定是否发送报警信息以及报警信息的具体内容和级别。

(5)现场控制单元的性能直接影响到水利工程自动化控制系统的实时性和可靠性。因此,在选择和设计现场控制单元时,需要考虑多个因素。首先是处理能力,它决定了现场控制单元能否快速、准确地处理采集到的数据和监控中心下发的指令。处理能力强的现场控制单元,能够更快地响应指令,提高系统的实时性。其次是存储容量,它关系到现场控制单元能否存储足够的历史数据和报警信息,以便管理人员进行后续的分析和处理。存储容量大的现场控制单元,能够存储更多的数据,提供更全面的信息支持。

(6)通信能力是选择和设计现场控制单元时需要考虑的重要因素。通信能力强的现场控制单元,能够更快地传输数据和指令,提高系统的实时性和可靠性。同时,它还需要具备良好的抗干扰能力,能够在恶劣的通信环境中保持稳定的通信质量。此外,适应恶劣环境的能力也是现场控制单元必须具备的。水利工程环境往往复杂多变,如高温、潮湿、腐蚀等恶劣环境都可能对现场控制单元的性能产生影响。因此,现场控制单元需要采用耐高温、防潮、防腐蚀等材料和设计,以确保在恶劣环境中能够稳定运行。

5.2.2.5　监控中心

监控中心,作为水利工程自动化控制系统的核心管理与控制枢纽,承担着对整个系统进行全面监控、精准调度和高效管理的重任。它通常由一系列高性能的计算机设备构成,这些设备不仅具备强大的数据处理能力,还配备了先进的大屏幕显示器,用于实时展示水利工程的运行状态和各类关键数据。此外,监控中心还配备了打印机,用于输出必要的报表和文档,以及网络设备,确保与现场控制单元及其他相关系统的稳定通信。通过这些硬件设备的集成与协同工作,监控中心提供了一个直观、友好的人机界面,使得操作人员能够轻松地对自动化控制系统进行监控和操作,大大提高了工作效率和准确性。监控中心的主要功能包括:

(1)数据展示。在水利工程自动化控制系统中,监控中心实时接收来自现场控制单元的各种数据,包括水位、流量、水质、设备状态等关键信息。这些数据通过高性能计算机的处理,被实时展示在大屏幕显示器上,以图形、图表、数字等多种形式直观呈现。操作人员可以通过这些展示内容,迅速了解水利工程当前的运行状态,包括各个设施的工作情况、是否存在异常等。这种实时的数据展示方式,不仅提高了操作人员对工程运行状态的感知能力,还为后续的决策和控制提供了及时、准确的信息支持。

(2)控制指令下发。根据水利工程的运行情况和预设的控制策略,监控中心能够自动生成相应的控制指令。这些指令可能包括启动或停止水泵、调节闸门开度、调整水质处理参数等,旨在确保水利工程按照既定的目标和要求稳定运行。生成的控制指令通过网络设备被下发到现场的控制单元,由执行器具体执行。这种远程的控制方式,不仅提高了水利工程的自动化水平,还大大减少了人工干预,降低了操作难度和劳动强度。同时,监控中心还能够根据实时反馈的数据,对控制指令进行动态调整,以适应工程运行中的变化,确保控制的准确性和有效性。

(3)报警处理。在水利工程自动化控制系统中,现场控制单元负责实时监测工程设施的运行状态,一旦发现故障或异常情况,会立即向监控中心发送报警信息。监控中心接收到报警信息后,会迅速进行相应的处理和分析。这包括确认报警信息的真实性、判断故障的严重程度和影响范围、制定应急处理方案等。通过及时的报警处理,监控中心能够确保水利工程在出现故障或异常情况时,能够迅速得到响应和处理,防止故障扩大化,保障工程的安全运行。同时,监控中心还将报警信息及处理结果记录在案,为后续的分析和总结提供依据。

(4)数据分析与决策支持。在水利工程自动化控制系统中,监控中心不仅负责实时展示和处理数据,还对采集到的数据进行深入的分析和处理。这包括数据的清洗、转换、归一化等预处理操作,以及运用统计学方法、数据挖掘技术、机器学习算法等高级手段,对数据进行深入的分析和挖掘。通过这些处理和分析,监控中心能够生成各种详细的报表、直观的图表,以及深入的分析结果,如趋势分析、异常检测、预测模型等。这些成果不仅为操作人员提供了全面的数据支持,帮助他们更好地了解工程的运行状态和趋势,还为水利工程的设计、运行和管理提供了科学依据和决策支持。在数据分析方面,监控中心能够通过对历史数据的挖掘和分析,发现工程运行中的规律和趋势,为工程的优化设计和运行管理提供有力支持。例如,通过对水位、流量等数据的长期监测和分析,可以掌握水文变化的规律,为防洪、灌溉等提供科学依据;通过对设备状态数据的监测和分析,可以及时发现设备的潜在故障,为设备的维护和更换提供决策依据。在决策支持方面,监控中心能够根据实时数据和分析结果,为管理人员提供科学的决策建议。例如,在洪水来临时,监控中心可以根据实时水位和流量数据,以及洪水预测模型,为管理人员提供最佳的防洪调度方案;在干旱时期,可以根据水质和水量数据,为灌溉管理提供合理的用水计划。另外,监控中心还具备数据存储和备份功能。在水利工程自动化控制系统中,数据的准确性和完整性至关重要。因此,监控中心通常采用高性能的数据库管理系统,对采集到的数据进行安全、可靠的存储和管理。同时,为了防止数据的丢失或损坏,监控中心还会定期对数据进行备份和恢复,确保数据的可用性和完整性。这种数据存储和备份机制,不仅为数据的长期保存和查询提供了保障,还为后续的数据分析和决策支持提供了可靠的数据基础。

5.2.3 系统架构与层次划分

水利工程自动化控制系统,作为现代水利工程管理的重要手段,其系统架构的设计至关重要。为了更好地实现系统的功能划分和模块化设计,通常采用分层架构来进行构建。这种分层架构不仅有助于系统的清晰化和规范化,还能提高系统的可扩展性和可维护性。在众多系统架构中,三层架构是一种常见且有效的设计方式,它将水利工程自动化控制系统划分为三个主要层次:信息采集层、网络传输层和应用管理层。

(1)信息采集层是水利工程自动化控制系统的基础层,由传感器分系统和现场控制单元共同组成。这一层的主要职责是负责采集水利工程设施的各种物理量数据。传感器作为数据采集的前端设备,其种类和精度直接影响到采集数据的准确性和可靠性。在水利工程中,可能需要采集的物理量包括水位、流量、压力、温度、水质指标等。这些物理量数据是反映工程状态和运行情况的重要指标,对于后续的数据分析和控制决策至关重要。现场控制单元则负责将传感器采集到的数据进行初步处理,并通过通信模块将其传输到网络传输层。现场控制单元还具备一定的自动控制功能,可以根据预设的控制策略或上级指令,对水利工程设施进行实时控制。

(2)网络传输层是水利工程自动化控制系统的桥梁层,由通信分系统构成。这一层的主要任务是负责将信息采集层采集到的数据传输到应用管理层,同时,也将应用管理层下发的指令传输到信息采集层。网络传输层的通信方式多种多样,可以是有线通信,如光纤、电缆等;也可以是无线通信,如无线电、卫星通信等。选择哪种通信方式,需要根据水利工程的实际情况和需求来决定。有线通信方式具有传输速度快、稳定性高的优点,但受布线限制,灵活性相对较差;无线通信方式则具有布线方便、灵活性强的优点,但在某些地区可能受到信号干扰或遮挡的影响。因此,在设计网络传输层时,需要综合考虑通信方式的优缺点,选择最适合的通信方案。

(3)应用管理层是水利工程自动化控制系统的核心层,由计算机应用分系统和监控中心共同组成。这一层的主要职责是对采集到的数据进行处理和分析,并生成控制指令进行下发。计算机应用分系统通常包括高性能的计算机设备、数据库管理系统、数据分析软件等。这些设备和软件能够实时接收来自网络传输层的数据,并进行清洗、转换、归一化等预处理操作。随后,运用统计学方法、数据挖掘技术、机器学习算法等高级手段,对数据进行深入的分析和挖掘,生成各种详细的报表、直观的图表,以及深入的分析结果。这些成果不仅为操作人员提供了全面的数据支持,帮助他们更好地了解工程的运行状态和趋势,还为水利工程的设计、运行和管理提供了科学依据和决策支持。监控中心则是应用管理层的人机交互界面,它提供了直观、友好的操作界面,方便操作人员对自动化控制系统进行监控和操作。操作人员可以通过监控中心实时查看工程的运行状态、接收报警信息、下发控制指令等。

在三层架构中,信息采集层、网络传输层和应用管理层相互协作,共同实现了水利工程自动化控制系统的各项功能。信息采集层负责数据的采集和初步处理;网络传输层负责数据的传输和指令的下发;应用管理层负责数据的深入分析和控制决策的制定。这种分层架构的设计方式,不仅提高了系统的清晰度和规范化程度,还增强了系统的可扩展性和可维护性。当系统需要增加新的功能或模块时,只需要在相应的层次上进行扩展或修改即可,而不需要对整个系统进行大规模的改动。

进一步地,为了更细致地划分系统的功能和职责,有些水利工程自动化控制系统可能会采用四层架构或更多层的架构。在四层架构中,除信息采集层、网络传输层和应用管理层外,还会增加一层数据服务层或中间件层。数据服务层主要负责数据的存储、备份、恢复和访问控制等功能。它采用高性能的数据库管理系统和数据存储技术,确保数据的完整性、安全性和可用性。中间件层则负责提供系统间的通信和互操作机制,使得不同的系统或模块能够方便地进行数据交换和功能调用。这种多层架构的设计方式,进一步提高了系统的灵活性和可扩展性,使得水利工程自动化控制系统能够更好地适应复杂多变的水利工程环境。

5.2.4 典型应用实例

5.2.4.1 防洪调度自动化系统

防洪调度自动化系统作为水利工程自动化控制系统的重要应用之一,在洪水测报和调度中发挥着至关重要的作用。这一系统通过在流域内的关键位置设置雨量计、水位计等各类传感器,实现了对雨情和水情数据的实时、准确采集。雨量计能够精确测量降雨强度,为洪水预报提供基础数据;水位计则实时监测河流水位变化,反映洪水的动态情况。这些传感器采集到的数据通过先进的通信网络,如光纤、无线电或卫星通信等,被迅速传输到监控中心。监控中心作为系统的"大脑",具备强大的数据处理和分析能力。它不仅能够实时接收并存储来自各传感器的数据,还能运用先进的数据分析算法和模型,对这些数据进行深入挖掘和综合分析。通过对比历史数据、分析降雨趋势、预测水位变化,监控中心能够生成科学的防洪调度方案。这些方案考虑了流域内的水文特性、防洪工程布局、人员财产安全等多个因素,旨在实现洪水资源的有效管理和调度。一旦方案确定,监控中心会立即将相应的控制指令下发到现场控制单元,如闸门控制系统、泵站控制系统等。这些现场控制单元根据接收到的指令,自动调整闸门开度、启动或停止泵站运行,从而实现对防洪工程的远程监控和自动控制。防洪调度自动化系统的应用,显著提高了防洪工程的调度效率和准确性。在洪水来临时,系统能够迅速响应,及时调整防洪设施的运行状态,有效减少洪水对下游地区的威胁和损失。同时,系统的自动化特性也大大减轻了人工调度的工作负担,提高了防洪工作的整体效率和水平。

5.2.4.2　供水调度自动化系统

供水调度自动化系统同样是水利工程自动化控制系统在供水领域的重要应用。这一系统通过在取水泵站、水源井、自来水厂、加压泵站、供水管网等关键供水单元设置传感器和执行器,实现了对供水系统全面、实时的监控和控制。传感器负责采集供水单元的运行状态数据,如水泵的流量、压力、转速等,以及水质指标如浊度、pH 值、余氯等。这些数据通过通信网络被实时传输到监控中心,为供水调度提供基础依据。监控中心作为系统的核心,具备强大的数据处理、分析和决策能力。它不仅能够实时展示供水系统的运行状态,还能根据采集到的数据和分析结果,生成优化的供水调度方案。这些方案考虑了供水需求的变化、水泵的效率、管网的压力分布等多个因素,旨在实现供水系统的经济、高效运行。一旦方案确定,监控中心会将相应的控制指令下发到现场控制单元,如水泵控制系统、阀门控制系统等。这些现场控制单元根据接收到的指令,自动调整水泵的运行状态、阀门的开度等,从而实现对供水工程的远程监控和自动控制。供水调度自动化系统的应用,显著提高了供水工程的运行效率和可靠性。它能够根据供水需求的变化实时调整供水系统的运行状态,确保城市用水的安全稳定。同时,系统的自动化特性也大大减少了人工操作的误差和延误,提高了供水服务的整体质量和水平。

5.2.4.3　大坝安全自动监控系统

大坝安全自动监控系统则是水利工程自动化控制系统在大坝安全管理领域的重要应用。这一系统通过在大坝上设置位移计、应变计、渗压计等各类传感器,实现了对大坝工作状态全面、实时的监测。位移计用于测量大坝的水平和垂直位移,反映大坝的变形情况;应变计用于测量大坝内部的应力状态,评估大坝的结构安全性;渗压计则用于测量大坝内部的渗流压力,监测大坝的防渗性能。这些传感器采集到的数据通过通信网络被实时传输到监控中心,为大坝安全评估提供基础数据。监控中心作为系统的核心处理单元,具备强大的数据处理、分析和评估能力。它不仅能够实时展示大坝的工作状态数据,还能根据采集到的数据和分析结果,评估大坝的安全状态。通过对比历史数据、分析变形趋势、评估应力状态等,监控中心能够及时发现大坝存在的安全隐患和潜在风险。一旦发现异常情况或安全隐患,监控中心会立即生成相应的控制指令,并下发到现场控制单元。这些现场控制单元根据接收到的指令,自动调整大坝的运行状态或启动相应的应急措施,如调整闸门开度、启动排水系统等,从而确保大坝的安全运行。大坝安全自动监控系统的应用,显著提高了大坝的安全性和可靠性。它能够实时监测大坝的工作状态,及时发现并处理安全隐患,确保大坝在设计寿命内安全、稳定地运行。同时,系统的自动化特性也大大减轻了人工监测的工作负担,提高了大坝安全管理的整体效率和水平。

除上述三个典型应用实例外,水利工程自动化控制系统还在其他多个领域发挥着重要作用。例如,在水质监测方面,通过在水体中设置水质传感器和监测站,实时采集水质指标数据,并通过自动化控制系统进行数据传输、分析和处理,为水质管理和保护提供科学依据。在水资源调度方面,通过集成水文、气象、用水需求等多源信息,运用自动化控制系统进行数据分析、预测和决策支持,实现水资源的优化配置和高效利用。在灌溉管理方面,通过设置土壤湿度传感器、气象站等设备,实时采集农田环境数据,并通过自动化控制系统进行灌溉计划的制订和执行,提高灌溉水的利用效率和农作物的产量。这些应用实例充分展示了水利工程自动化控制系统在水利领域的广泛应用和巨大潜力。

随着科技的不断进步和水利工程的不断发展,水利工程自动化控制系统将会迎来更加广阔的应用前景。一方面,随着传感器技术、通信技术、数据处理技术的不断进步,自动化控制系统的性能和功能将会得到进一步提升和完善。例如,更高精度的传感器将能够提供更准确、更可靠的数据支持;更高速、更稳定的通信网络将能够实现数据的实时传输和远程控制;更先进的数据处理算法和模型将能够提供更深入、更全面的数据分析和决策支持。另一方面,随着水利工程的不断建设和改造升级,自动化控制系统将会在更多领域和场景中得到应用和推广。例如,在新建的大型水利工程中,自动化控制系统将会成为标配设施;在老旧水利工程的改造升级中,自动化控制系统也将会被纳入改造计划之中。这些发展趋势将进一步推动水利工程自动化控制系统的发展和应用,为水利事业的发展和进步做出更大的贡献。

5.3 应用案例分析

水利工程自动化控制系统在现代水利工程中得到了广泛应用,显著提高了水利工程的管理水平和运行效率。

案例一

三峡枢纽智能通航:数聚赋能,智汇前行

三峡通航,作为连接长江上下游的重要水道,不仅关乎国家战略安全,也是物流通道畅通和沿江百姓民生的关键。随着三峡过坝船舶量的持续增长,三峡–葛洲坝水利枢纽通航满负荷运行已成为常态。面对这一挑战，如何确保枢纽通航安全，并进一步提高通航效率，成为三峡通航亟待解决的问题。长江三峡通航管理局（简称三峡局）积极响应交通强国建设号召，以科技创新为引领，加速推进数字化转型，取得了显著成效。三峡枢纽通航水域已连续十年保持安全畅通，航运通过量也从2011年的1亿t跃升至2023年的1.74亿t。

一、创新点

1.远距离多计划联动精准调度技术的研发

针对内河长距离联动控制通航的复杂需求，三峡局提出了创新的通航调度方法。该方法紧密结合了船舶申报排队待闸及依序航行行为特征，通过构建全域远程调度船舶过坝模型及各分区排队子系统待闸过坝排队链，实现了对船舶过坝过程的全局掌控。在此基础上，研建了具备滚动预计划、安检计划、锚泊计划、过坝作业计划等多种计划协同作业的三峡通航调度系统。这一系统能够根据实时情况，自动调整和优化各类计划，确保船舶过坝过程的高效与有序。

2.梯级枢纽通航综合管控关键技术的研发

为了提升对过坝船舶的监管能力，三峡局发明了多重定位数据源校核的船舶航行监控技术，确保了船舶位置的准确性和可靠性。同时，研发了过坝船舶违规行为识别实时分析技术，能够及时发现并处理船舶的违规行为。此外，还研发了多因子模型层次分析诚信综合分值算法、多因子身份信息融合识别算法及过坝船舶异常行为分析技术，为三峡通航诚信管理系统、船舶过闸远程申报系统和船舶综合监管系统的建设提供了技术支持。这些系统的融合应用，形成了多要素监测、“三船”管理和行为分析一体化的内河船舶监测系统及船舶管理信息系统，极大地提升了梯级枢纽通航的综合管控能力。

3.梯级枢纽通航远程协同服务关键技术的研发

为了实现船舶过坝的远程协同服务，三峡局研发了集北斗终端机器码、船舶识别码（CN）和电话号码三重校验的船舶身份识别技术，确保了船舶身份的唯一性和准确性。同时，基于移动互联网模式，研发了船岸交互新通道的船舶过坝远程申报管理系统及过坝申报的审核方法。这一系统的建立，使得监管调度部门、航运公司和通航船舶之间能够实现实时、高效的信息交互和协同作业。在此基础上，研建了覆盖各方的梯级枢纽通航远程协同服务平台，为船舶过坝提供了更加便捷、高效的服务。

二、社会效益和经济效益

一是通过交通基础设施的数字化转型和智能升级建设，三峡枢纽通航调度水域从 77 km 拓展至 573 km,实现了对远程过坝船舶全流程、全要素、全天候的一站式实时动态精准监管服务。这一举措充分保障了三峡河段梯级枢纽通航效能的发挥,有力维护了梯级枢纽通航水域的航行安全和社会稳定。同时,缓解了船舶积压矛盾,有效提升了阳光通航和助航信息服务水平,产生了显著的社会效益。

二是案例成果的应用积极引导了船方使用过闸调度相关的信息化系统,使得三峡通航过闸服务在交通运输政务服务好差评系统中稳居好评榜前列。三峡枢纽航运通过量从 2011 年的 1 亿 t 提升至 2023 年的 1.74 亿 t,有效助力了沿江地方经济效益的发展。这一增长不仅促进了沿江地区的经济繁荣,也为长江经济带的国家战略提供了有力支撑。

三是通过对船舶的远程有序管控和及时有效的信息服务,三峡局主动对接服务航运企业和船方,帮助航运企业更精确地对接运输供需关系,指导其合理调整船舶运营生产计划。这一举措使得航运企业能够理性扩张运能、灵活调减运输成本,从而产生了显著的直接和间接经济效益。

四是案例的实施还提升了枢纽通航的安全保障能力。三峡-葛洲坝枢纽水域的船舶通航得到了有效保障,在应对国家重大事件或活动期间的通航安全保障能力及应急能力不断提高。重点时段三峡-葛洲坝枢纽船舶通航安全稳定,实现了三峡-葛洲坝水利枢纽船舶通航安全零事故的良好记录。案例的实施也提高了长江中上游的水运通航能力。长江上游水运量大幅度增长,运输船舶营运性能显著提升,降低了沿江地区的综合物流成本。这一变化有力地支撑了长江区域的经济发展,促进了区域间的经济交流和合作。

五是案例的实施对地区经济发展产生了积极影响。它使得长江航运在长江中上游地区综合交通体系中的地位和作用得到加强,进一步加快了三峡枢纽综合运输体系结构调整和优化的进程。这一进程不仅促进了长江中上游地区的经济发展,还为长江经济带国家战略提供了坚实的技术保障和支持。

三、借鉴意义与推广价值

三峡通航梯级枢纽调度、管控和服务的科学化与规范化水平通过案例成果得到了显著提升。这一成果为交通运输部长江航务管理局制定相关规程提供了有力的技术支撑。例如,《三峡-葛洲坝水利枢纽通航调度规程》《长江干线过坝船舶联动控制方案》《三峡-葛洲坝水利枢纽过坝船舶应用北斗系统管理规定》和《三峡河段船舶信用管理办法》等规程的制定都受益于这一成果。同时,该成果也为我国内河航运枢纽通航提供了区域化、智能化、精准化的示范解决方案,具有重要的借鉴意义。

此外,案例成果还为国内其他内河远程调度管控服务提供了宝贵的借鉴经验。从方法规则制定到调度、管控、综合服务系统的开发设计,该成果都提供了系统性的技术指导。其相关技术成果已经成功推广应用到多个水上枢纽调度和海事监管工作中,如向家坝升船机、湘江枢纽、重庆彭水升船机、嘉陵江草街船闸和汉江兴隆船闸等。这些应用实践证明了该成果的适用性和有效性。

更值得一提的是,该成果不仅适用于长江其他通航河流,还可以推广应用到西江、珠江、京杭运河和湘江等通航河流及相应的干支水网中。这一广泛的适用性使得该成果具有广阔的推广前景和巨大的潜在价值。随着技术的不断进步和应用范围的不断扩大,相信该成果将为我国内河航运事业的持续健康发展做出更大的贡献。

案例二

南水北调工程水量调度 10 年记

南水北调工程,作为党中央决策实施的重大战略性基础设施,对于优化水资源配置、确保群众饮水安全、促进河湖生态环境复苏、畅通南北经济循环,发挥着生命线与大动脉的关键作用。该工程堪称全球规模最大、调水距离最长、受益人口及范围最广的调水项目。自 2013 年 11 月 15 日南水北调东线一期工程正式通水,以及 2014 年 12 月 12 日中线一期工程随后通水以来,已历经 10 年。深入分析该工程水量调度的难题与挑战,总结 10 年来的实践经验和成效,展望新阶段的新需求与新问题,对于进一步提升水量调度科技水平、加速构建国家水网、推动南水北调后续工程高质量发展具有重要意义。

一、南水北调工程水量调度挑战前所未有

1.闸站群规模世界之最,高效联动调控难度大

南水北调中线工程,作为一项特大型长距离跨流域调水工程,其总干渠自丹江口水库陶岔渠首引水,全长 1 432 km。陶岔渠首设计流量 350 m^3/s,最大流量可达 420 m^3/s,主要为北京、天津、河北、河南四省(直辖市)提供生活及工业用水,多年平均年调水量达 95 亿 m^3。工程跨越长江、淮河、黄河、海河四大流域,沿线设有 1 座大型泵站、161 座分水口门及渠道节制闸。由于闸门调控水力响应较慢,且缺乏在线调蓄水库,渠道调蓄能力有限。中线总干渠与众多江河、沟渠、公路、铁路相交,工程沿线交叉状况复杂,共计布置各类建筑物 2 387 座。输水渠道的水力响应关系极为复杂,因沿线无调蓄水库,任何建筑物的水流动态调控均会引发复杂的水力响应过程,进而影响局部或整个调水

系统的水情状态及运行工况，工程调控难度极大。

2.泵站群规模全球领先，优化调度降本增效任务艰巨

南水北调东线输水干线长达 1 466.5 km，拥有世界规模最大、最复杂的大型泵站群。全线共设 13 个梯级、22 处枢纽、34 座泵站，总扬程 65 m，装机总台数 159 台，总装机容量 36.45 万 kW，总装机流量 4 450.6 m^3/s。工程规模大、泵型多样、扬程低、流量大、年利用小时数高。每泵送 1 m^3 水需消耗大量电力，电费支出占工程运行成本的 50%以上，这是导致东线水价较高的直接原因。如何降低成本、提高效率，以最小成本将水输送至北方，是东线工程面临的一大挑战。此外，东线工程运行时还受极端天气、来水不确定性、供需不匹配及人工干扰等多重风险交织影响，进一步加剧了水源区调水难度及受水区水量配置难度。

二、南水北调工程水量调度 10 年实践成效斐然

在过去的 10 年间，南水北调工程在水量调度方面，从法律法规建设、调度体制机制完善、信息化支撑能力提升等多个维度，进行了深入探索与实践，取得了显著成果，为大型跨流域调水工程的水量调度以及未来国家水网的调度工作积累了宝贵经验。

1.法治完善，跨域调水有法可依

为强化南水北调工程的供用水管理，充分发挥其经济效益、社会效益与生态效益，国家颁布了《南水北调工程供用水管理条例》（简称《条例》）。《条例》明确规定了水量调度的原则、依据、时间，年度可调水量、年度用水计划建议制度，年度水量调度计划及月水量调度方案，两部制水价，水量转让，应急水量调度预案编制，水量水质监测，信息报送与共享等内容。依据《条例》要求，水利部陆续制定了南水北调东线一期工程和中线一期工程的水量调度方案，进一步明确了工程的供水范围、水量分配、调水线路、工程规模、水量调度及监督管理等内容，为东线 11 个年度、中线 10 个年度的调水任务顺利实施提供了坚实的法律保障。

2.机构健全，安全调水有保障措施

为推动南水北调工程水量调度的组织实施，建立了国家、流域、省（市、区）、水工程多级联动的水量调度管理体系。水利部南水北调工程管理司负责制订南水北调工程年度水量调度计划，指导调度实施，并对水量调度总体实施情况进行监督；水利部南水北调规划设计管理局负责审查年度水量调度计划；水利部淮河水利委员会、长江水利委员会分别负责南水北调东线、中线一期工程的水量调度计划编制及所辖流域水量调度的具体实施监督工作。工程

沿线各省级行政区水行政主管部门负责辖区内用水计划建议的申报和水量调度工作。中国南水北调集团有限公司按照水利部下达的年度水量调度计划，组织做好东、中线输水调度工作。其中，中国南水北调集团中线有限公司负责中线总干渠水量调度的具体实施；汉江水利水电(集团)有限责任公司、南水北调中线水源有限责任公司负责丹江口水库水量调度的具体实施；湖北省引江济汉工程管理局负责引江济汉工程水量调度的具体实施。中国南水北调集团东线有限公司、南水北调东线江苏水源有限责任公司、南水北调东线山东干线有限责任公司按照管理权限划分，共同承担南水北调东线一期工程水量调度的具体实施工作。在水量调度计划执行过程中，建立了“统一调度、分级管理”的工程调度管理体系。以南水北调中线干线工程为例，中国南水北调集团中线有限公司按照总调度中心、分调度中心、现地管理处三级管理模式设置调度机构，遵循统一调度、集中控制、分级管理的原则，对南水北调中线总干渠全线各闸站进行统一调度控制。通过多层级、多部门的协同联动，精准执行水量调度计划，为南水北调工程水量调度的安全实施提供了有力保障。

3.数智融合，科学调水有技术支撑

为支撑南水北调工程的水量调度工作，南水北调东、中线一期工程共建设了山东段调度运行管理系统、苏鲁省际工程调度运行管理系统、江苏段调度运行管理系统、中线干线工程自动化调度与运行管理决策支持系统、中线水源工程供水调度运行管理系统、引江济汉工程自动化调度运行系统和南水北调水资源统一管理系统等七大系统，形成了以南水北调工程水量调度为核心的监测感知、调度决策、运行控制等信息化支撑能力。调度运行管理系统是南水北调工程实现安全调水、精细配水、准确量水的重要手段，为合理调配区域内水资源、充分发挥南水北调工程的经济和社会效益提供了技术支撑。为进一步发挥数字化、网络化和智能化技术在工程水量调度中的支撑作用，推动了数字孪生丹江口、数字孪生南水北调中线 1.0、数字孪生洪泽泵站、数字孪生邓楼泵站、数字孪生东线北延工程等多项工作，探索建设了工程数字孪生平台。通过智慧化模拟，支撑工程全要素的预报、预警、预演、预案模拟分析，提供智慧化决策支撑，提高了工程的综合调度管理水平。

4.跨域协作，空间均衡成效显著

截至 2024 年 9 月下旬，南水北调东、中线一期工程累计调水超过 750 亿 m^3，工程供水已成为沿线 40 多座大中城市的重要水源，直接受益人口超过 1.85 亿人。南水已占北京市城区供水的 70% 以上，天津市主城区供水几乎全部来自南水，河南省 10 余个省辖市也用上了南水。南水北调工程为优化水资源配置、保障群众饮水安全、复苏河湖生态环境、畅通南北经济循环、助力国家重大战略实施、推进经济社会高质量发展提供了可靠的水资源保障。通水以来，南水北调中线工程助力沿线50多条河流生态复苏，永定河、滹沱河、大清河等实现了全线贯通。华北地区自20世纪70年代以来地下水水位逐年下降的趋势得到了根本扭转，初步实现了地下水采补平衡。东线北延应急供水工程向京杭大运河补水，2022年京杭大运河实现了百年以来的首次全线贯通，至今已连续3年实现全线水流贯通。

三、南水北调工程水量调度面临的新需求

随着南水北调工程水源区和受水区水资源供需格局的变化、工程运行管理体制的调整、后续工程的规划建设与运行管理实践的不断深入，南水北调工程水量调度工作也面临着诸多新的需求，这些需求亟待在未来的水量调度实践中得到进一步的探索和解决。

1.统筹常规与非常规水源，实现水量均衡调配

近年来，随着我国经济社会的发展和产业结构的调整，用水结构发生了深刻变化。2022年全国非常规水源利用量相较于2012年的44.6亿m^3，提高了2.9倍。因此，在工程年度水量调度计划的编制过程中，需要统筹协调常规水源和非常规水源的利用，均衡调配水源区和受水区的水资源，以最大程度地发挥水资源的利用效益。

2.强化水量监测，确保水量计算精确无误

在实际调水过程中，特别是南水北调东线工程，由于采用开放河道输水，与当地水存在复杂的水量交换关系。江水、淮水、大汶河水以及当地水等相互混合，经过沿线4个调蓄湖泊的调蓄后，水源变得不再清晰，成本收益核算也变得困难。因此，需要实现供用水量的全面监测计量，确保水量计算的精确无误。

3.完善水价机制，促进用水公平配置

在实际调水过程中，南水北调水的价格相对较高，同时生态补水的水价机制也不健全，存在争用生态补水、南水北调水消纳不足等问题。为了解决这些问题，需要考虑各地发展不均衡以及城乡差别带来的不同水价承受能力，以地级行政区为区域单元，综合考虑当地水和外调水的成本，以工业和城市生活用水户为重点，推行区域综合水价制度，促进用水的公平配置。

4.推进智慧低碳调水，降低工程运行成本

南水北调东线工程通过梯级泵站提水，工程运行成本一直居高不下。为了降低运行成本，需要充分利用沿线洪泽湖等湖泊的调蓄作用以及峰谷电价

差，优化梯级泵站的运行方式。同时，还需要研究工程沿线风电、光伏与梯级泵站的联合开发利用方式，探索输水工程风光水互补的提水运营模式，努力实现南水北调工程的“低碳”乃至“零碳”运行，为工程的可持续发展注入新的动力。

四、南水北调工程水量调度面临的新问题

随着《国家水网建设规划纲要》的印发以及南水北调后续工程高质量发展工作的持续推进，南水北调工程作为国家水网的主骨架和大动脉，在解决水资源时空分布不均、实现更大范围的空间均衡方面，将更加充分发挥其“生命线”的重要作用。然而，南水北调工程水量调度也面临着诸多新问题，需要进一步深入研究探讨。

1.水网格局下水量调度复杂性加剧

南水北调工程输水线路长、闸泵工程众多，是典型的多水源、多用户大规模调水系统，水量调度工作尤为复杂。以中线工程为例，沿线各类重要调控断面超过 70 处，任何水流动态调控都可能引发复杂的流量变化和水力响应，使得工程本身的安全、平稳、高效运行面临极大挑战。近年来，南水北调后续工程不断推进，东线北延应急供水工程正式启用，引江补汉工程开工建设，南水北调工程建设规模持续扩大，调度复杂度也随之明显增加。随着南水北调工程沿线省、市、县级水网配套工程的逐步完善，多水源、多用户复杂水网格局下的水量调度难度将进一步加大。

2.突发情景下调度能力需进一步提升

近年来，受全球气候变化和人类活动影响，我国气候形势愈发复杂多变。2023 年 7 月，海河流域发生流域性特大暴雨洪水，北拒马河发生超标准洪水，南水北调中线工程北拒马河暗渠的安全运行受到严峻挑战。2024 年 6 月，为应对华北、黄淮等地旱情，水利部调度南水北调工程全力支持沿线地区抗旱保供水工作，工程由正常供水模式紧急切换至抗旱应急调度模式。极端水旱灾害事件的增多、增强、趋广、趋频，对南水北调工程的应急调度能力提出了更高要求。同时，东中线工程均位于我国工农业发达地区，新型污染物、藻贝类增殖等突发污染风险持续增加，污染快速定位技术和水量精准调度能力需进一步提升。

3.精确精准调水要求调度智慧化水平提高

国家“十四五”规划明确提出要构建智慧水利体系，《国家水网建设规划纲要》也进一步指出，国家水网应以智慧调控为手段。在数字孪生水利体系建设进程中，智慧调度将发挥至关重要的作用。依托数字孪生南水北调先行先试项目建设，中线工程已建成数字孪生输水调度仿真预演系统，为精准化调度决策奠定了坚实基础；东线北延工程数字孪生系统已具备年月水量调度方案编制和工程实时调度功能。尽管南水北调工程智慧调度已取得阶段性成果，但目前仍聚焦于局部区域、特定场景下的决策支持，尚未实现多场景、全过程的孪生调度，距离“一键生成调度指令”的现实需求还存在较大差距。

4.降本增效驱动工程探索“智能体”构建技术

经济社会高质量发展以及国家水网“绿色智能”目标的提出，对调水工程运行管理的降本增效需求日趋紧迫。推动“无人值守、智能控制”，提高工程控制精度，减少工程运管成本，是实现工程运管降本增效的关键路径。长期以来，受工程控制设备可靠性、工程设施设备故障诊断技术水平、工程事故应急处置能力等方面的制约，调水工程从自动控制跨越至智能控制仍面临诸多困难与挑战。然而，随着信息技术的跨越式革新，智能控制已在工业制造、交通等领域得到深化应用，无人驾驶、黑灯工厂已从设想变为现实。面对新需求、新形势，南水北调工程作为中国最具标志性的调水工程，亟待融合大数据、边缘计算、人工智能技术和现代控制理论方法，探索调水工程运行“智能体”构建技术，研发工程智能控制算法和装备，推动南水北调工程“无人值守、智能控制”目标从设想变为现实。

五、展望

从南水北调工程水量调度10年的实践经验和成效来看，管理和技术双轮驱动是高质量推进水量调度组织实施的根本路径。构建以《南水北调工程供用水管理条例》为核心的法律法规体系，为南水北调工程水量调度提供根本依据；建立多级协同的调度管理机构，是南水北调工程水量调度的工作基础；建设数智赋能的调度信息化系统，是南水北调工程水量调度的技术支撑。南水北调工程水量调度的成功实践，为我国大型跨流域调水工程水量调度以及未来国家水网调度的组织实施提供了宝贵的实践案例。在国家水网构建、南水北调后续工程高质量发展的新格局下，针对南水北调工程水量调度面临的新需求、新问题，我们还需要持续不断地开展探索与实践。

案例三

大藤峡水利枢纽工程

大藤峡水利枢纽工程是国务院正式批准的珠江流域防洪控制性枢纽工程，其战略地位显赫，不仅是珠江—西江经济带的关键支撑，也是“西江亿吨黄金水道”基础设施建设中的标志性项目。该工程横跨两广（广东、广西）合作框架，并纳入桂澳（广西、澳门）合作的重要议程，体现了区域间协作与资源共享的深远意义。大藤峡水利枢纽工程被定位为以防洪为核心，兼具航运、发电、补水压咸、灌溉等多重功能的流域关键性工程。其工程规模宏大，属于Ⅰ等大（1）型工程范畴，总库容达到30.13亿m^3，电站装机容量高达1 600 MW，最大坝高则达到80 m。工程结构复杂，主要由黔江混凝土主坝、黔江副坝、南木江副坝以及永久船闸等核心建筑物构成，每一部分都承担着不可或缺的作用，共同确保整个枢纽工程的安全、高效运行。

一、大藤峡水利枢纽工程自动化安全监测系统的技术创新

长江科学院在大藤峡水利枢纽工程的建设中发挥了关键作用，特别是其在自动化安全监测系统方面的自主研发成果，为工程的安全运行提供了有力保障。其中，一项重要创新是采用了自主研发的大坝安全监测采集单元。这一系统接入了超过5 000个安全监测测点，实现了对大坝全方位、多维度的实时监控。采集单元采用了基于谱插值算法的振弦传感器频率信号采集技术，这一技术有效提高了工程现场振弦式内观仪器测值的稳定性和可靠性。相较于传统方法，该技术能够更准确地捕捉和解析振弦传感器的信号，减少了因环境因素或设备本身特性导致的测量误差，为大坝的安全监测提供了更为精确的数据支持。

此外，长江科学院还运用了内置振弦仪器在线质量鉴定方法的手持式读数仪。这一设备能够对埋入式振弦式内观仪器进行实时性能分析，包括仪器的灵敏度、稳定性、准确性等多个指标。通过这种手段，可以及时发现并处理潜在的问题仪器，确保所有监测数据的有效性和可靠性。这不仅提高了监测工作的效率，也为大坝的安全评估提供了更为坚实的数据基础。

二、安全监测平台的系统化与智能化

为了实现对大坝安全监测信息的全面、高效管理，长江科学院建立了通用化、组件式、全业务功能的施工期–运行期安全监测平台系统。这一平台系统打破了传统监测系统的局限性，实现了从施工期到运行期的无缝衔接和全面覆盖。平台系统采用了模块化的设计理念，可以根据实际需求灵活配置和扩展功能模块，满足了大坝安全监测工作的多样性和复杂性需求。

该平台系统接入了自主研发的智能安全监测成套设备，实现了监测数据的自动采集、实时传输、统一管理和智能分析。通过数据整编功能，系统能够对海量监测数据进行整理、分类和存储，为后续的专业分析提供了便捷的数据支持。同时，平台系统还具备强大的专业分析能力，能够对监测数据进行深入挖掘和智能解读，及时发现大坝运行中的异常情况和潜在风险。

智慧应用是这一平台系统的另一大亮点。通过集成先进的人工智能算法和大数据分析技术,系统能够实现对大坝安全状态的实时监测和预警预报。当监测数据出现异常或超出预设阈值时,系统会自动触发预警机制,及时向相关人员发送预警信息,为应急响应和决策支持提供了宝贵的时间窗口。

三、大坝安全监测信息的统一管理

大坝安全监测信息的统一管理是确保大坝安全运行的关键环节。在大藤峡水利枢纽工程中,通过建立的施工期–运行期安全监测平台系统,实现了对监测信息的全面、集中管理。这一管理系统涵盖了监测数据的采集、传输、存储、处理和分析等各个环节,确保了监测信息的完整性和准确性。

在数据采集方面,系统通过接入各类监测设备,实时采集大坝运行过程中的各种参数和数据。这些数据包括但不限于水位、流量、应力、应变、温度等,为大坝的安全评估提供了全面的数据支持。在数据传输方面,系统采用了先进的通信技术,确保了监测数据的实时、可靠传输。无论是在施工期还是运行期,系统都能够稳定地接收和传输监测数据,为后续的数据处理和分析提供了基础。

在数据存储和处理方面,系统建立了完善的数据库管理系统,对监测数据进行分类、整理和存储。通过数据清洗和预处理等技术手段,系统能够有效地去除数据中的噪声和异常值,提高数据的质量和可靠性。同时,系统还具备强大的数据处理能力,能够对海量监测数据进行快速、准确地处理和分析。

四、专业分析与智慧应用的深度融合

专业分析与智慧应用的深度融合是大藤峡水利枢纽工程安全监测系统的另一大特色。通过集成先进的数据分析算法和模型,系统能够对监测数据进行深入挖掘和智能解读,揭示出大坝运行过程中的内在规律和潜在风险。

在专业分析方面,系统具备多种数据分析功能,包括趋势分析、相关性分析、异常检测等。通过这些功能,系统能够对监测数据进行全面的分析和评估,及时发现大坝运行中的异常情况和潜在问题。同时,系统还能够根据历史数据和经验模型,对大坝的未来运行状态进行预测和评估,为决策支持提供科学依据。

在智慧应用方面,系统集成了人工智能和大数据分析技术,实现了对大坝安全状态的实时监测和预警预报。通过智能算法对监测数据的实时分析,系统能够及时发现数据中的异常变化和潜在风险,并触发预警机制。预警信息会及时发送给相关人员,以便他们采取相应的措施进行应对和处理。这种智慧化的监测方式不仅提高了大坝的安全性能,也降低了人工监测的成本和风险。

五、大坝安全监测的长期效益与展望

大藤峡水利枢纽工程自动化安全监测系统的建立和应用,不仅为工程的安全运行提供了有力保障,也带来了长期的效益和展望。首先,通过实时监测和预警预报,系统能够及时发现并处理大坝运行中的潜在风险和问题,避免了可能发生的重大安全事故,保护了下游人民的生命财产安全。其次,系统的建立和应用提高了大坝的管理水平和运行效率。通过自动化监测和智能分析,相关人员可以更加便捷地获取大坝的运行状态和安全信息,为决策支持提供了科学依据。同时,系统还能够实现对大坝运行过程的全面监控和管理,提高了大坝的运行效率和管理水平。最后,大藤峡水利枢纽工程自动化安全监测系统的成功应用也为其他类似工程提供了借鉴和参考。该系统的技术创新和理念可以推广应用到其他水利枢纽工程中,提高整个水利行业的安全监测水平和管理能力。随着科技的不断进步和发展,未来还可以进一步完善和优化该系统,提高其监测精度和智能化水平,为大坝的安全运行提供更加有力的保障。

案例四

小浪底水利枢纽工程

小浪底水利枢纽工程,坐落于河南省洛阳市以北大约 40 km 的黄河干流之上,是黄河治理与开发中的关键性工程,被归类为Ⅰ等大(1)型工程。该工程以防洪、防凌(防止冰凌对河流及水利设施的破坏)、减淤为主要目标,同时兼顾发电、灌溉、供水等多重综合利用功能,是国家水利建设的重要组成部分。小浪底水利枢纽的坝顶高程达到 281 m,正常高水位设定为 275 m,总库容高达 126.5 亿 m^3,其中淤沙库容为 75.5 亿 m^3,调水调沙库容为 10.5 亿 m^3,长期有效库容为 51 亿 m^3。水库水面广阔,面积达 272.3 km^2,控制着上游 69.42 万 km^2 的流域面积。此外,小浪底水利枢纽的总装机容量为 180 万 kW,为周边地区提供了稳定的电力供应。

一、小浪底水利枢纽工程的技术参数与功能

小浪底水利枢纽工程的技术参数体现了其作为大型水利工程的复杂性和综合性。坝顶高程的设计考虑了洪水防御、水库蓄水和泄洪的需求,确保了在极端天气条件下的安全运行。正常高水位的设定则平衡了蓄水容量与防洪安全之间的关系,既保证了水库的蓄水能力,又避免了过高的水位对大坝安全构成的威胁。总库容的巨大容量,使得小浪底水利枢纽在调节黄河水流、减少下游淤积、提供灌溉和供水等方面发挥了重要作用。淤沙库容的设计,有效缓解了黄河下游的泥沙淤积问题,改善了河流的通航条件和水质。调水调沙库容则用于在特定时期进行人工调水调沙,以进一步优化河流的生态环境和航运条件。

小浪底水利枢纽工程不仅具备强大的蓄水和调节能力,还通过其发电设施为周边地区提供了清洁、可靠的能源。灌溉和供水功能则支持了农业生产和城市用水需求,促进了区域经济的可持续发展。同时,大坝的建设也考虑了生态保护和环境影响,努力在水利开发与环境保护之间找到平衡点。

二、小浪底大坝安全监测管理平台的建设背景

随着水利工程的长期运行,大坝的安全监测变得尤为重要。为了确保小浪底水利枢纽工程的安全运行,长江科学院基于大坝安全智能监控预警云服务平台系统技术体系,开展了小浪底大坝安全监测管理平台的建设。这一平台的建设以数据统一管理为前提,旨在实现多源数据的融合、在线安全监控和离线综合分析,最终达到风险识别自动化、决策管理智能化的目的。

小浪底大坝安全监测管理平台的建设,是响应国家关于加强水利工程安全管理、提升信息化水平号召的重要举措。通过这一平台,可以实现对大坝运行状态的实时监测和预警,及时发现并处理潜在的安全隐患,确保大坝的长期稳定运行。同时,平台的建设也促进了水利工程管理方式的创新,提高了管理效率和决策的科学性。

三、小浪底大坝安全监测管理平台的技术架构与功能

小浪底大坝安全监测管理平台基于B/S(浏览器/服务器)模式、微服务架构和私有云平台进行开发部署。这一技术架构打破了多套原有业务系统的技术壁垒,实现了多源异构大坝安全监测数据的汇聚、清洗、管理、分析、监控与共享应用。平台能够接入安全监测自动化系统、泥沙监测自动化系统、GNSS(全球导航卫星系统)等其他已有系统的数据,实现了数据的统一管理和高效利用。

平台的功能涵盖了自动化数据采集、智能化数据分析、智慧化在线监控和监测成果大屏展示等多个方面。通过自动化数据采集,平台能够实时获取大坝运行的各种参数和数据,为后续的分析和监控提供基础。智能化数据分析则利用先进的算法和模型,对采集到的数据进行深入挖掘和智能解读,揭示出大坝运行过程中的内在规律和潜在风险。智慧化在线监控则实现了对大坝运行状态的实时监测和预警预报,当数据出现异常或超出预设阈值时,平台会及时发出预警信息,提醒相关人员采取相应措施。监测成果大屏展示则直观展示了大坝的运行状态和监测结果,为决策提供了直观的依据。

四、小浪底大坝安全监测管理平台的应用成效

小浪底大坝安全监测管理平台的建设和应用，取得了显著的成效。平台实现了对小浪底大坝和西霞院大坝安全监测的集中管控，提高了监测的效率和准确性。通过异常数据在线判别和运行性态综合评价等功能，平台有效提升了大坝安全在线监控预警能力，为工程的安全运行提供了有力保障。

平台的全方位支撑工程安全“预警”及“预演”业务实现，使得相关人员能够及时发现并处理大坝运行中的潜在风险和问题，避免了可能发生的重大安全事故。同时，平台还为数字孪生小浪底数据底板、工程安全专业模型及业务应用建设提供了有力支撑。数字孪生技术是一种将物理世界与数字世界相结合的技术，通过构建数字模型来模拟和预测物理世界的运行状态。在小浪底水利枢纽工程中，数字孪生技术的应用将进一步提升工程的安全管理水平和决策效率。

五、小浪底大坝安全监测管理平台的未来展望

随着科技的不断进步和发展，小浪底大坝安全监测管理平台将进一步完善和优化。未来，平台将继续深化数据融合和分析能力，提高监测的精度和智能化水平。同时，平台还将拓展更多的应用场景和功能模块，满足水利工程安全管理的多样化需求。

在数据融合方面，平台将进一步加强与其他相关系统的数据交互和共享，实现更全面的数据覆盖和更准确的数据分析。在智能化分析方面，平台将引入更先进的算法和模型，提高数据分析的准确性和效率。同时，平台还将加强与人工智能、大数据等技术的融合应用，推动水利工程安全管理的智能化升级。

案例五

江垭水利枢纽工程

江垭水利枢纽工程，作为澧水流域的控制性防洪工程，坐落于湖南省张家界市慈利县境内，位于澧水支流溇水的中游地段。该工程被水利部和湖南省列为重点工程，是一座以防洪为主要功能，同时兼具发电、灌溉、供水、航运、旅游等综合效益的大(1)型骨干水利工程。江垭水库的正常蓄水位设定为236.0 m，水库总库容达到17.41亿m^3，其中防洪库容为7.4亿m^3，属于年调节水库。电站的总装机容量为300 MW，为周边地区提供了稳定的电力供应。江垭水利枢纽工程的建设，不仅有效提高了澧水流域的防洪能力，还促进了当地经济的快速发展，对保障人民生命财产安全、推动区域经济社会进步具有重

要意义。

一、江垭水利枢纽工程智能安全监测预警系统的建设

为了保障江垭水利枢纽工程的安全运行,长江科学院于2019年承担了该工程的安全监测自动化改造工程。在改造过程中,长江科学院运用了自主研发的大坝安全监测采集单元,通过以太网的通信方式,使采集设备能够快速接入系统,实现了数据的实时传输和处理。同时,采用了基于谱插值算法的振弦传感器频率信号采集技术,这一技术的应用显著提升了振弦式内观仪器的测值稳定性和可靠性,为工程的安全监测提供了更加准确、可靠的数据支持。

在此基础上,2022年长江科学院又牵头进行了数字孪生江垭工程的建设。数字孪生技术是一种将物理世界与数字世界相结合的技术,通过构建数字模型来模拟和预测物理世界的运行状态。在江垭水利枢纽工程中,长江科学院针对工程的结构特点、安全隐患、薄弱环节等,建立了大坝不同监测物理量的预测模型、监控指标、预警方法及评价机制。这些模型和机制的实现,使得江垭水利枢纽工程实现了标准化、智能化、可视化的智能预报预警和大坝安全在线分析评价,为工程的安全运行提供了强有力的技术支撑。同时,江垭水利枢纽工程还采用了长江科学院自主知识产权的CK系列智能化安全监测成套采集及感知设备,进一步提升了安全监测预警平台的功能和性能。

二、江垭水利枢纽工程智能安全监测预警系统的主要成果

江垭水利枢纽工程智能安全监测预警系统的建设取得了显著成果。首先,通过自动化改造和数字孪生技术的应用,实现了大坝安全监测数据的实时采集、传输、处理和分析,提高了监测的效率和准确性。其次,建立的预测模型、监控指标、预警方法及评价机制等,为工程的安全运行提供了科学依据和决策支持。这些模型和机制能够实时监测大坝的运行状态,及时发现并预警潜在的安全隐患,有效预防了事故的发生。最后,智能安全监测预警系统的建设还提升了江垭水利枢纽工程的智能化水平,为工程的数字化、信息化管理提供了有力支撑。

三、皂市水利枢纽工程概述

皂市水利枢纽工程,同样是澧水流域的控制性防洪工程,位于洞庭湖水系澧水流域的一级支流渫水上。该工程被归类为大(1)型工程,坝址控制流域面积达到3 000 km^2,占渫水总流域面积的93.7%。皂市水利枢纽工程的总库容为14.39亿 m^3,其中防洪库容为7.83亿 m^3,库容系数为0.32,属于年调节水库。枢纽的主要任务是防洪,但同时兼具发电、航运、供水、灌溉、旅游等综合作用。皂市水利枢纽工程的建设,对于提高渫水流域的防洪能力、促进当地

经济社会发展具有重要意义。

四、皂市水利枢纽工程智能安全监测预警系统的建设

为了确保皂市水利枢纽工程的安全运行，长江科学院根据工程的安全监测预报预警技术需求，运用了自主研发的相关技术和成套设备，建成了皂市水利枢纽工程智能安全监测预警系统。在系统的建设过程中，长江科学院采用了自主研发的线阵CCD引张线仪和垂线坐标仪。这些设备运用了基于线阵CCD的反馈式自适应调光技术，通过光照强度的实时动态调整，实现了高可靠性测量。同时，结合边缘侧物理量实时获取与处理技术，实现了测量数据在采集端的计算分析，提升了数据采集效率及预警触发响应时间。

此外，长江科学院还为皂市水利枢纽工程提供了自主研发的大坝安全监测采集单元，为工程内观仪器提供了稳定可靠的采集设备。采用埋入式振弦仪器在线评价鉴定方法，为振弦仪器的数值可靠性提供了技术依据。这些方法的应用，确保了监测数据的准确性和可靠性，为工程的安全运行提供了有力保障。

五、皂市水利枢纽工程智能安全监测预警系统的主要技术创新

皂市水利枢纽工程智能安全监测预警系统的建设过程中，长江科学院进行了多项技术创新。首先，线阵CCD引张线仪和垂线坐标仪的研发和应用，实现了高可靠性、高精度的测量，提高了监测数据的准确性和可靠性。其次，自适应调光技术和边缘侧物理量实时获取与处理技术的结合应用，提升了数据采集效率和预警触发响应时间，使得系统能够更快速地发现并预警潜在的安全隐患。最后，埋入式振弦仪器在线评价鉴定方法的应用，为振弦仪器的数值可靠性提供了技术依据，确保了监测数据的准确性和可信度。

六、皂市水利枢纽工程智能安全监测预警系统的应用成效

皂市水利枢纽工程智能安全监测预警系统的建设取得了显著的应用成效。首先，系统实现了大坝安全监测数据的实时采集、传输、处理和分析，提高了监测的效率和准确性。通过系统的实时监测和预警功能，能够及时发现并处理潜在的安全隐患，有效预防了事故的发生。其次，系统的标准化、智能化、可视化特点，使得工程管理人员能够更加方便、直观地了解大坝的运行状态，提高了管理的效率和科学性。最后，智能安全监测预警系统的建设还提升了皂市水利枢纽工程的智能化水平，为工程的数字化、信息化管理提供了有力支撑，推动了水利工程管理方式的创新和发展。

七、江垭与皂市水利枢纽工程智能安全监测预警系统的对比与展望

江垭与皂市水利枢纽工程都采用了长江科学院自主研发的智能安全监测

预警系统,但在具体的技术应用和创新方面各有特色。江垭水利枢纽工程通过数字孪生技术的应用,实现了大坝不同监测物理量的预测模型、监控指标、预警方法及评价机制的建立,为工程的安全运行提供了强有力的技术支撑。而皂市水利枢纽工程则在线阵 CCD 技术、自适应调光技术、边缘侧物理量实时获取与处理技术以及埋入式振弦仪器在线评价鉴定方法等方面进行了创新,提高了监测数据的准确性和可靠性,提升了系统的预警响应速度。

展望未来,随着科技的不断进步和发展,江垭与皂市水利枢纽工程的智能安全监测预警系统将进一步完善和优化。系统将继续深化数据融合和分析能力,提高监测的精度和智能化水平。同时,系统还将拓展更多的应用场景和功能模块,满足水利工程安全管理的多样化需求。此外,系统还将注重用户体验和界面设计,提高系统的易用性和可操作性。通过不断优化和完善系统功能,江垭与皂市水利枢纽工程的智能安全监测预警系统将为水利工程的安全管理提供更加全面、准确、高效的支撑和服务。

案例六

丹江口水利枢纽工程

丹江口水利枢纽工程,作为治理与开发汉江流域的核心工程,同时肩负着南水北调中线水源的重任,其规模宏大,被归类为Ⅰ等大(1)型工程。该工程不仅在中国水利工程史上占据重要地位,也是全球范围内具有显著影响力的水利设施之一。丹江口大坝的加高工程完成后,其枢纽功能得到了进一步的拓展和优化,从原本以发电、防洪为主,转变为以防洪、供水为核心,同时兼顾生态保护、发电和航运等多方面的综合利用功能。这一转变体现了现代水利工程管理理念的进步,即在保障防洪安全和水资源供给的基础上,更加注重生态环境的保护和可持续发展。

丹江口水库,作为丹江口水利枢纽的重要组成部分,其水域面积广阔,达到了1 022.75 km^2,蓄水量更是高达 290.5 亿 m^3,成为华中地区乃至全国的重要淡水资源储备库。水库的巨大蓄水量不仅为南水北调中线工程提供了稳定可靠的水源,也有效缓解了汉江流域的洪涝灾害,提高了流域内的防洪能力。同时,水库的调节作用还改善了下游的灌溉条件,促进了农业生产的稳定发展。此外,丹江口水库的清澈水质和优美景观,也为周边地区的旅游和休闲产业带来了新的发展机遇。

一、长江科学院在丹江口水利枢纽工程中的技术贡献

长江科学院作为水利科研领域的权威机构,在丹江口水利枢纽工程大坝

加高工程的安全监测技术方面发挥了关键作用。针对大坝加高后的安全监测需求，长江科学院运用其自主研发的相关技术和成套设备，为丹江口水利枢纽工程智能安全监测系统的建立提供了坚实的技术支撑。

在 2017 年蓄水试验期间，长江科学院承担了丹江口水利枢纽安全监测自动化系统建设的重任。该系统采用了长江科学院自主研发的具有自适应自诊断功能的普适型大坝安全监测采集单元，共计 85 套。这些采集单元能够高效、准确地接收并处理来自各类安全监测传感器的数据，传感器数量达到了 1 500余支。为了确保蓄水试验期间加密观测的实时性和准确性，系统建立了物联高并发和同步策略处理机制。这一机制确保了在大量数据同时传输的情况下，系统仍能保持高效稳定的运行状态，为蓄水试验的顺利进行提供了有力保障。

二、数字孪生丹江口工程的建设与进展

随着信息技术的飞速发展，数字孪生技术在水利工程领域的应用日益广泛。丹江口水利枢纽工程也紧跟时代步伐，积极推进数字孪生丹江口工程的建设。长江科学院作为重要参与者，在丹江口大坝安全监测自动化系统的基础上，进一步提升了枢纽工程安全监测采集的智能化水平。

针对丹江口枢纽工程的结构特点、安全隐患与薄弱环节，长江科学院对原有的安全监测系统进行了全面升级和优化。通过引入更先进的传感器技术和数据采集设备，提高了监测数据的准确性和可靠性。同时，构建了标准化的数据汇集、清洗、治理、存储方案，确保了监测数据的规范性和一致性。这些工作为后续的数据分析和预警提供了坚实的基础。

在数据分析方面，长江科学院建立了大坝安全分析模型、评判准则和预警机制。这些模型和准则基于大量的历史监测数据和工程实践经验，能够准确反映大坝的安全状态和发展趋势。通过实时监测数据的输入和分析，系统能够及时发现大坝存在的安全隐患和异常情况，并发出预警信号，为工程管理人员提供决策支持。

三、智能化分析预警系统的实现与功能

数字孪生丹江口工程的智能化分析预警系统是整个工程安全管理的核心。该系统实现了丹江口枢纽工程标准化、规范化、智能化、可视化的智能分析预警功能，大大提高了工程安全管理的效率和水平。

标准化和规范化是智能化分析预警系统的基础。通过制定统一的数据格式和标准，确保了不同来源、不同类型的监测数据能够进行有效的整合和分析。同时，规范化的管理流程也保证了预警信息的准确传递和及时处理。

智能化是该系统的重要特征之一。通过引入人工智能技术和机器学习算法,系统能够自动识别和分析监测数据中的异常模式和趋势,为工程管理人员提供智能化的决策建议。这种智能化的分析方式不仅提高了预警的准确性和及时性,还减轻了管理人员的工作负担。

可视化是智能化分析预警系统的另一个重要功能。通过直观的图形和图像展示,系统能够将复杂的监测数据和分析结果以易于理解的方式呈现出来。这使得工程管理人员能够更加直观地了解大坝的安全状态和发展趋势,从而做出更加准确的决策。

四、大坝安全在线分析评价与工程安全底线的守护

大坝安全在线分析评价是数字孪生丹江口工程智能化分析预警系统的核心功能之一。该系统通过实时监测和分析大坝的安全状态,及时发现并预警潜在的安全隐患,为工程管理人员提供决策支持,确保大坝的安全运行。

在线分析评价系统基于大量的历史监测数据和实时监测数据,运用先进的数学模型和算法,对大坝的安全状态进行全面、深入的分析和评价。系统能够自动识别大坝的变形、渗流、应力等关键参数的变化趋势,以及这些变化对大坝整体安全性的影响。通过对比历史数据和实时数据,系统能够及时发现大坝存在的异常情况和潜在风险,为工程管理人员提供及时的预警信息。

守护工程安全底线是丹江口水利枢纽工程管理的首要任务。数字孪生丹江口工程的智能化分析预警系统为这一目标提供了有力的技术支撑。通过实时监测、在线分析评价和预警机制,系统能够确保大坝在面临各种复杂工况和极端天气条件时,都能保持安全稳定的运行状态。这不仅为南水北调中线工程提供了可靠的水源保障,也为汉江流域的防洪安全和生态保护提供了坚实的支撑。

五、丹江口水利枢纽工程的综合效益与展望

丹江口水利枢纽工程作为汉江流域治理与开发的关键性工程,以及南水北调中线的水源工程,其综合效益显著,对区域经济社会发展产生了深远影响。

在防洪方面,丹江口水利枢纽工程通过调节水库蓄水量,有效缓解了汉江流域的洪涝灾害。在洪水期间,水库可以蓄纳多余的洪水,减少下游地区的洪涝风险;在干旱期间,水库可以释放蓄水,保障下游地区的灌溉和生活用水需求。这种调节功能极大地提高了汉江流域的防洪能力和水资源利用效率。

在供水方面,丹江口水利枢纽工程为南水北调中线工程提供了稳定可靠的水源。通过长距离输水管道,将丹江口水库的优质水资源输送到华北地区,

缓解了这些地区的缺水问题,保障了当地居民的生活用水和工业用水需求。同时,丹江口水库的清水也为沿线地区的生态环境改善提供了有力支持。

在发电方面,丹江口水利枢纽工程的发电机组为电网提供了稳定的电力供应。水电作为一种清洁能源,具有无污染、可再生等优点,对于减少温室气体排放、促进可持续发展具有重要意义。丹江口水利枢纽工程的发电功能不仅为当地经济发展提供了动力支持,也为全国范围的节能减排工作做出了贡献。

在航运方面,丹江口水利枢纽工程改善了汉江流域的航运条件。水库的调节作用使得河道水深增加、流速减缓,有利于船舶的通行和安全。这促进了汉江流域的物资交流和经济发展,提高了区域经济的整体竞争力。

展望未来,丹江口水利枢纽工程将继续发挥其综合效益,为区域经济社会发展提供有力支撑。随着科技的进步和管理水平的提升,数字孪生丹江口工程将进一步完善和优化,为大坝的安全运行和高效管理提供更加先进的技术手段。同时,丹江口水利枢纽工程也将继续积极探索新的发展模式和应用领域,为水利事业的可持续发展做出更大的贡献。

第 6 章　智能监测与自动化控制技术的发展前景与挑战

随着科技的不断发展,智能监测与自动化控制技术在水利工程中的应用前景广阔。本章将展望智能监测与自动化控制技术的未来发展趋势,分析其在技术创新、应用领域拓展和产业规模扩大等方面的潜力,同时探讨当前面临的技术挑战、应用挑战和人才挑战,并提出相应的应对措施,为水利工程信息化与智能化发展提供科学指导。

6.1　发展前景

随着信息技术的迅猛发展和水利工程需求的不断提升,水利工程自动化控制技术的发展前景广阔。

6.1.1　技术创新不断加速

6.1.1.1　技术创新现状

近年来,水利工程自动化控制技术在不断创新中取得了显著进展,这一进程深刻地改变了水利工程的设计、建设与管理方式。随着物联网、大数据、云计算、人工智能等先进技术的融合应用,水利工程自动化控制已经从单一的设备控制阶段迈向了系统集成与智能决策的新阶段。茜扬(2021)在其研究中指出,水利工程的现代化与精细化进程中,数字化设计技术、远程监控与自动化控制系统、高精度测量与检测技术成为关键的驱动力。这些技术的应用不仅大幅提升了水利工程的设计精度和施工效率,还实现了对工程运行状态的实时监控和智能预警,为水利工程的安全、高效运行提供了坚实的技术保障。具体而言,数字化设计技术通过三维建模、虚拟现实等技术手段,实现了水利工程设计的可视化和精准化,使得设计过程更加直观、高效。远程监控与自动化控制系统则通过安装传感器、摄像头等设备,实时监测水利工程的关键参数,如水位、流量、水质等,并将数据传输至控制中心进行分析处理。一旦监测到异常情况,系统能够立即发出警报,并通过预设的程序自动采取相应的控制措施,确保工程的安全运行。同时,高精度测量与检测技术的应用,如激光测距、GPS 定位等,提高了工程测量的精度和效率,为水利工程的设计、施工和运行管理提供了准确的数据支持。

6.1.1.2　技术创新趋势

（1）智能化发展。随着人工智能和机器学习算法的不断发展,智能化在水利工程自动化控制中的应用日益广泛。通过深度学习、模式识别等技术,系统能够自动识别工程运行状态中的异常,预测潜在风险,并给出相应的处理建议。这一趋势不仅提高了水利工程的智能化水平,还增强了工程的自主决策能力。胡自勍(2024)以大藤峡水利枢纽工程为例,阐述了智能传感器和优化监测系统架构在水利工程中的应用。通过部署智能传感器,系统能够实时监测水闸的运行状态,包括水位、流量、闸门开度等参数,并通过数据分析预测潜在的故障风险。一旦监测到异常情况,系统能够立即发出警报,并自动调整闸门开度,确保水闸的安全稳定运行。此外,人工智能技术在水利工程中的应用还体现在洪水预报、水质监测等方面。通过对历史数据进行学习和分析,系统能够准确预测未来的洪水趋势和水质变化,为工程调度和管理提供科学依据。例如,在洪水预报方面,系统可以根据实时气象数据和历史洪水数据,预测未来的洪水峰值、洪量等参数,为防洪调度提供决策支持。在水质监测方面,系统可以实时监测水质参数,如溶解氧、pH 值、氨氮等,并通过数据分析预测水质变化趋势,为水环境保护提供科学依据。

（2）系统集成化。未来的水利工程自动化控制系统将更加集成化,实现跨平台、跨系统的数据共享和协同工作。孟明等(2024)指出,智慧水利系统集成了数字化设计、智能化施工、精细化监测、数据分析与预测、远程运维管理等多项技术,形成了一个完整的水利工程全生命周期管理体系。这一趋势不仅提高了水利工程的运行效率和管理水平,还促进了资源的优化配置和合理利用。系统集成化的水利工程自动化控制系统能够实现工程内部各系统之间的无缝对接和数据共享。例如,在数字化设计阶段,系统可以将设计成果直接传输至施工阶段,指导施工过程的顺利进行;在施工阶段,系统可以实时监测施工进度和质量,确保施工过程的规范性和安全性;在运行管理阶段,系统可以实时监测工程运行状态,预测潜在风险,并采取相应的控制措施。此外,系统集成化的水利工程自动化控制系统还能够实现与外部系统的数据共享和协同工作。例如,在防洪调度方面,系统可以与气象、水文等部门进行数据共享,实时获取气象和水文信息,为防洪调度提供决策支持;在水资源管理方面,系统可以与环保、农业等部门进行数据共享，实现水资源的优化配置和合理利用。

(3)自主决策能力增强。随着技术的不断进步，水利工程自动化控制系统将具备更强的自主决策能力。系统能够根据实时监测数据和预设规则，自主判断工程运行状态，并采取相应的控制措施，确保工程的安全稳定运行。这一趋势不仅提高了水利工程的智能化水平，还减轻了管理人员的工作负担，提高了工作效率。在自主决策方面，未来的水利工程自动化控制系统将更加注重数据的分析和挖掘。通过对历史数据和实时数据进行分析和挖掘，系统能够准确预测未来的工程运行状态和潜在风险，为决策提供支持。例如，在设备维护方面，系统可以根据设备的运行数据和历史维护记录，预测设备的故障风险，并提前采取相应的维护措施，确保设备的正常运行。在工程调度方面，系统可以根据实时气象、水文等数据，预测未来的水资源供需状况，并制定相应的调度计划，确保水资源的合理利用。另外，未来的水利工程自动化控制系统还将注重与其他系统的协同工作。例如，在防洪调度方面，系统可以与气象、水文等部门进行协同工作，实时获取气象和水文信息，并根据这些信息制定相应的防洪调度计划。在水资源管理方面，系统可以与环保、农业等部门进行协同工作，实现水资源的优化配置和合理利用。通过与其他系统的协同工作，未来的水利工程自动化控制系统将具备更强的自主决策能力，为水利工程的安全、高效运行提供更加坚实的保障。

6.1.2 应用领域不断拓展

6.1.2.1 传统水利工程领域

水利工程自动化控制技术在传统水利工程领域的应用已经相当广泛，涵盖了水库、水闸、泵站、堤防等多个重要环节。吴娟(2023)指出，南水北调中线工程的陶岔渠首枢纽工程就是一个典型的案例，该工程通过构建电站和引水闸自适应联动调度自动化控制系统，实现了日常运行过程中的自适应调节和紧急情况下的即时响应。这一系统的应用，不仅提高了工程调度的灵活性和准确性，还有效保障了工程的安全稳定运行。

在水库管理方面，自动化控制技术的应用主要体现在水位监测、水量调度和水库大坝安全监测等方面。通过安装水位传感器、流量计等设备，系统能够实时监测水库的水位、入库流量和出库流量等关键参数，并根据预设的调度规则进行水量调度，确保水库的合理蓄水和供水。同时，通过在大坝上安装应变计、渗压计等传感器,系统能够实时监测大坝的变形、渗流等安全指标,及时发现并预警潜在的安全隐患。

在水闸管理方面,自动化控制技术实现了水闸的远程控制和智能调度。通过安装电动或液动启闭机,结合传感器和控制器,系统能够远程监测和控制水闸的开度,根据上下游水位和流量变化自动调整水闸的运行状态,确保水资源的合理分配和防洪安全。

在泵站管理方面,自动化控制技术主要应用于水泵机组的远程监控和智能控制。通过安装传感器、变频器和控制器等设备,系统能够实时监测水泵机组的运行状态,包括流量、扬程、功率等参数,并根据实际需求自动调整水泵的运行频率和开度,实现节能降耗和优化运行。

6.1.2.2　新兴领域

随着技术的发展和应用需求的拓展,水利工程自动化控制技术开始涉足新兴领域,如数字孪生水利工程、智慧水利等。刘德芳等(2024)认为,数字孪生技术在黄河水利工程安全智能分析预警方面的应用,展现了自动化控制技术在水利工程领域的无限潜力。

数字孪生水利工程是指通过构建真实且精细的虚拟模型,结合实时监测数据和分析算法,实现对水利工程全生命周期的模拟、预测和优化。在黄河水利工程中,数字孪生技术的应用使得工程管理人员能够通过虚拟模型实时了解工程的状态和性能,预测未来的变化趋势,并提前制定相应的应对措施。例如,通过构建大坝的数字孪生模型,系统能够实时监测大坝的变形、渗流等安全指标,并通过数据分析预测大坝未来的安全状况,为工程维护和管理提供科学依据。

智慧水利则是将物联网、大数据、云计算、人工智能等先进技术深度融合到水利工程的设计、建设、运行和管理等各个环节,实现水利工程的智能化、数字化和网络化。在智慧水利系统中,自动化控制技术是实现智能化调度和管理的关键技术之一。通过集成各种传感器、控制器和执行器,系统能够实时监测水利工程的状态和参数,并根据实际需求进行智能调度和控制。例如,在防洪调度方面,智慧水利系统能够根据实时气象、水文等数据,结合历史数据和专家知识,预测未来的洪水趋势和峰值流量,并自动调整水库、水闸等工程设施的运行状态,实现防洪减灾的智能化调度。

6.1.2.3　跨界融合

水利工程自动化控制技术还与其他领域的技术进行跨界融合,如与环保、农业、城市管理等领域的结合,形成了跨领域、跨行业的综合应用体系。例如,吴婷婷(2024)指出,人工智能技术在水质监测与治理中的应用,就是水利工程自动化控制技术与环保领域技术跨界融合的典型案例。

在水质监测方面,通过部署智能传感器和数据分析算法,系统能够实时监测水体的各种水质参数,如溶解氧、pH 值、氨氮、总磷等,并通过数据分析发现水质异常和污染源。一旦发现水质异常或污染源,系统能够立即发出警报,并通知相关部门采取相应的治理措施。同时,通过与地理信息系统(GIS)的结合,系统还能够准确追踪污染源的位置和影响范围,为水质治理提供科学依据。

在农业领域,水利工程自动化控制技术与精准农业、智能灌溉等技术的结合,推动了农业生产的现代化和智能化。通过部署土壤湿度传感器、气象站等设备,系统能够实时监测农田的土壤湿度、气象条件等参数,并根据作物生长需求自动调整灌溉水量和频率,实现精准灌溉和节水增效。

在城市管理领域,水利工程自动化控制技术与智慧城市建设的结合,推动了城市水务管理的智能化和精细化。通过集成各种传感器、控制器和执行器,系统能够实时监测城市供水管网、排水管网等基础设施的状态和参数,并根据实际需求进行智能调度和控制。例如,在供水管网管理中,系统能够实时监测管网的水压、流量等参数,并根据实际需求自动调整水泵的运行状态和供水量,确保城市供水的稳定和安全。同时,通过与大数据、云计算等技术的结合,系统还能够对供水、排水等数据进行深度挖掘和分析,为城市水务管理提供决策支持。

水利工程自动化控制技术还在灾害预警、应急救援等领域发挥了重要作用。通过与气象、地震等监测技术的结合,系统能够实时监测自然灾害的发生和发展趋势,并提前发布预警信息,为应急救援提供宝贵的时间窗口。同时,通过与无人机、机器人等智能设备的结合,系统还能够实现远程监测和应急救援,提高灾害应对的效率和效果。

6.1.3 产业规模不断扩大

6.1.3.1 市场需求增长

随着国家对水利工程的重视程度不断提高,以及城市化进程的加速和气候变化的影响,水利工程自动化控制技术的市场需求持续增长。水利工程作为国民经济发展的重要基础设施,承担着防洪减灾、水资源配置、水生态保护等多重功能,其安全稳定运行对于保障国家经济安全、社会稳定和生态环境可持续发展具有重要意义。城市化进程的加速,使得城市人口规模不断扩大,对水资源的需求日益增长。同时,城市水资源短缺、水污染严重、洪涝灾害频发等问题也日益突出，对水利工程的安全稳定运行提出了更高要求。水利工程自动化控制技术的应用，能够实现对水利工程的实时监测、远程控制和智能调度，提高工程运行效率和管理水平，有效应对城市化进程带来的水资源挑战。气候变化对水利工程的影响也日益显著。极端天气事件的频发，如暴雨、洪水、干旱等，给水利工程的安全运行带来巨大压力。水利工程自动化控制技术的应用，能够通过对气象、水文等数据的实时监测和分析，提前预测和预警极端天气事件，为水利工程的安全调度和防灾减灾提供有力支持。

此外，随着农业现代化的推进，农业灌溉、排水等水利工程的需求也在不断增加。水利工程自动化控制技术的应用，能够实现精准灌溉、智能排水等功能，提高农业用水的效率和效益，促进农业可持续发展。

6.1.3.2　产业链完善

水利工程自动化控制技术的产业链不断完善，涵盖了设备制造、软件开发、系统集成、运维服务等多个环节，形成了一个完整的产业生态。在设备制造环节，随着技术的不断进步，水利工程自动化控制设备的性能不断提升，种类日益丰富。例如，可编程逻辑控制器（PLC）、传感器、执行器等关键设备的技术水平不断提高，稳定性和可靠性得到了显著提升。这些设备的应用，为水利工程自动化控制系统的建设和运行提供了有力支撑。在软件开发环节，随着人工智能、大数据、云计算等技术的不断发展，水利工程自动化控制软件的功能日益强大，用户体验不断优化。例如，基于人工智能的算法在数据分析、预测、决策等方面表现出色，为水利工程的安全运行和智能调度提供了有力支持。同时，大数据技术的应用，使得水利工程自动化控制系统能够处理海量的监测数据，提高数据分析和处理的效率和准确性。在系统集成环节，随着水利工程自动化控制技术的不断成熟，系统集成商的技术水平和服务能力不断提升。能够根据客户的需求，提供从系统设计、设备选型、安装调试到运维服务的全方位解决方案。系统集成商的存在，促进了水利工程自动化控制系统与水利工程实际需求的紧密结合，提高了系统的实用性和有效性。在运维服务环节，随着水利工程自动化控制系统的广泛应用，运维服务的需求也日益增加。运维服务商通过提供远程监控、故障诊断、系统升级等服务，确保了水利工程自动化控制系统的稳定运行和高效运行。同时，他们还通过对系统运行数据的分析和挖掘，为客户提供优化调度和防灾减灾等增值服务。

6.1.3.3　政策支持加强

政府对水利工程自动化控制技术的支持力度不断加大，出台了一系列政策措施来推动技术的发展和应用。这些政策措施的出台，为水利工程自动化控制技术的产业规模扩大提供了有力保障。首先,政府加大了对水利信息化建设的投入。水利信息化是水利工程现代化、智能化的重要标志,也是推动水利工程自动化控制技术发展的关键环节。政府通过投入资金、建设信息化基础设施、推广信息化应用等方式,推动了水利信息化建设的快速发展。这为水利工程自动化控制技术的应用提供了广阔的市场空间和良好的技术环境。其次,政府鼓励企业开展技术创新和产品研发。为了推动水利工程自动化控制技术的不断进步,政府出台了一系列政策措施,鼓励企业加大研发投入,开展技术创新和产品研发。例如,政府通过提供科研资助、税收优惠、知识产权保护等方式,支持企业开展关键技术研发和新产品开发。这些政策措施的出台,激发了企业的创新活力,推动了水利工程自动化控制技术的不断进步。最后,政府还加强了对水利工程自动化控制技术的监管和管理。为了保障水利工程的安全稳定运行,政府加强了对水利工程自动化控制系统的监管和管理力度。例如,政府制定了相关标准和规范,对水利工程自动化控制系统的设计、建设、运行等环节进行了严格监管。同时,政府还加强了对水利工程自动化控制设备的质量监管和认证工作,确保了设备的质量和性能符合相关标准和规范。

6.2 挑战与应对措施

随着水利工程自动化控制技术的快速发展,其在提高工程效率、保障工程安全等方面发挥了重要作用。然而,技术的发展也伴随着一系列挑战。

6.2.1 技术挑战与应对措施

6.2.1.1 数据底板支撑能力不足

(1)挑战。数据是数字孪生系统构建和运行的核心基础,然而在当前的水利工程领域,数据资源的开发利用程度依然不高。基础数据的采集渠道相对单一,缺乏广泛性和全面性,导致数据的完整性和时效性受到影响。此外,数据的处理和分析能力也不强,难以满足数字孪生平台对高精度、高频率数据的需求。这些问题严重制约了数字孪生技术在水利工程中的深入应用,影响了系统对实际工程状态的准确反映和有效决策。

(2)应对措施。为解决数据底板支撑能力不足的问题,首先需要加大数据采集力度,充分利用物联网、遥感、无人机等先进技术手段,构建覆盖全面的数据采集网络。物联网技术可以在水利工程的关键部位部署各类传感器,实现水位、流量、水质等参数的实时监测;遥感技术则可以通过卫星图像和航空摄影,获取大范围的水域和流域信息;无人机技术则可以对难以到达的区域进行巡检,提高数据采集的灵活性和效率。同时,需要加强数据治理和分析能力,采用大数据、人工智能等技术手段,对采集到的海量数据进行深度挖掘和分析,提高数据的准确性和可用性。通过建立统一的数据标准和规范,实现不同来源数据的整合和共享,为数字孪生平台提供坚实的数据基础。

6.2.1.2　系统软硬件国产化不足

(1)挑战。虽然我国水利工程自动化应用技术已经取得了显著进展,初步实现了国产化,但在一些关键技术领域,与国外先进技术相比仍存在较大差距。部分核心软硬件设备仍然严重依赖于进口,这不仅增加了工程的成本,也限制了技术的自主可控性。在国际贸易环境复杂多变的背景下,过度依赖进口可能给水利工程的建设和运行带来潜在风险。

(2)应对措施。针对系统软硬件国产化不足的问题,需要加大自主研发力度,鼓励国内企业和科研机构开展关键技术的研发和创新。政府应出台相关政策,提供资金支持和税收优惠,激励企业加大研发投入,推动核心技术的突破。同时,加强与国际先进技术的交流与合作,通过引进、消化、吸收、再创新,提高国产技术的竞争力。在技术研发过程中,应注重知识产权的保护,加强专利布局,确保技术的自主可控性。此外,还应建立产学研用协同创新机制,促进科技成果的转化和应用,加速国产软硬件产品的成熟和推广。

6.2.1.3　系统可靠性与适应性有待提升

(1)挑战。智能化技术在水利工程中的应用尚不成熟,系统运行仍存在一些漏洞和不足,其中系统可靠性和适应性问题是亟待解决的关键。一方面,系统在面对复杂多变的工程环境和运行条件时,可能出现故障或性能下降,影响工程的正常运行和调度;另一方面,随着水利工程的不断发展和变化,系统需要具备较好的适应性和可扩展性,以满足新的需求和挑战。然而,当前的水利工程自动化控制系统在这方面仍存在较大的提升空间。

(2)应对措施。为提高系统的可靠性和适应性,首先需要加强系统的研发和测试工作,通过严格的测试和验证,确保系统在各种工况下都能稳定运行。在研发过程中,应充分考虑水利工程的特点和需求,采用先进的设计理念和算法,提高系统的性能和稳定性。同时,加强系统的维护和保养工作,建立健全的运行维护体系,及时发现和解决系统存在的问题。此外,应采用模块化设计思路,将系统划分为多个相对独立的模块,每个模块负责特定的功能,提高系统的可维护性和可扩展性。这样,在工程需求发生变化时,可以方便地添加或替换相应的模块,满足新的需求。同时,还应加强对系统操作人员的技术培训，提高他们的操作水平和应急处理能力，确保系统在出现故障时能够得到及时有效的处理。

6.2.2 应用挑战与应对措施

6.2.2.1 成本高昂

(1)挑战。智能监控系统的初始投资和维护成本较高，是限制其在水利工程中广泛应用的主要因素之一。智能监控系统通常涉及高精度传感器、先进的数据采集设备、强大的计算处理平台以及复杂的软件系统，这些设备和系统的研发和部署都需要大量的资金投入。此外，随着系统的运行，定期维护、升级和更换老化设备也会带来持续的成本压力。高昂的成本使得许多水利工程项目，尤其是资金有限的小型项目，难以承受智能监控系统的部署和运行费用，从而限制了这些先进技术在水利工程领域的普及和应用。

(2)应对措施。为应对成本高昂的挑战，政府应加大对水利信息化建设的投入力度，通过提供资金补贴和政策支持，降低水利工程项目引入智能监控系统的门槛。政府可以设立专项资金，用于支持智能监控系统的研发、试点和推广，鼓励更多的水利工程项目采用智能监控技术。同时，政府还可以通过税收减免、贷款贴息等政策措施，减轻水利工程项目在智能监控系统部署和运行方面的经济负担。此外，鼓励企业采用先进的制造技术和优化设计方案，也是降低系统成本的有效途径。企业应通过技术创新，提高智能监控系统的生产效率和可靠性，降低设备制造成本。同时，通过优化系统设计，减少不必要的硬件和软件冗余，提高系统的性价比，从而降低用户的使用成本。

6.2.2.2 技术集成难度大

(1)挑战。水利工程自动化控制系统涉及多种技术的集成和融合，包括传感器技术、数据采集技术、通信技术、信息处理技术和控制技术等。这些技术各自具有不同的特点和要求，如何实现它们之间的无缝集成和协同工作，是一个复杂而艰巨的任务。技术集成难度大不仅体现在硬件设备的兼容性和互操作性上，还体现在软件系统的集成和调试上。如果技术集成不到位，可能会导致系统性能下降、运行不稳定甚至功能失效，严重影响水利工程的正常运行和管理效率。

(2)应对措施。为应对技术集成难度大的挑战，需要加强跨学科、跨领域的合作与交流，推动技术集成和创新。水利工程管理部门、科研机构和企业应建立紧密的合作关系，共同开展技术攻关和产品研发。通过跨学科的合作，可以充分利用各领域的专业知识和技术优势，形成合力解决技术集成中的难题。

同时,推动技术创新也是解决技术集成问题的关键。企业应加大研发投入,不断推出具有自主知识产权的新技术、新产品,提高智能监控系统的技术水平和竞争力。此外,采用标准化的接口和协议,也是提高系统兼容性和互操作性的重要手段。通过制定统一的技术标准和规范,可以确保不同厂商生产的设备和系统之间能够无缝集成和协同工作,降低技术集成的难度和成本。

6.2.2.3　数据安全问题

（1）挑战。水利工程信息化管理涉及大量敏感数据,包括工程设计图纸、运行监测数据、设备维护记录等。这些数据的安全性和隐私性对于水利工程的安全运行和管理至关重要。然而,随着信息技术的快速发展和网络环境的日益复杂,数据安全问题日益凸显。黑客攻击、病毒入侵、数据泄露等安全事件频发,给水利工程信息化管理带来了巨大的挑战。如果数据安全问题得不到有效解决,可能会导致工程运行失控、经济损失甚至人员伤亡等严重后果。

（2）应对措施。为应对数据安全问题的挑战,必须加强数据安全管理,采用加密技术、访问控制等手段保护数据的安全性和隐私性。加密技术是一种有效的数据保护手段,通过对敏感数据进行加密处理,可以确保数据在传输和存储过程中的安全性。即使数据被非法获取,攻击者也无法直接读取和使用加密数据。同时,访问控制也是保障数据安全的重要措施。通过制定严格的访问权限管理制度,可以确保只有授权用户才能访问敏感数据,防止数据泄露和滥用。此外,建立健全数据备份和恢复机制,也是确保数据完整性和可用性的重要手段。通过定期备份重要数据,可以在数据丢失或损坏时及时恢复,避免对水利工程的正常运行造成影响。同时,加强对数据备份和恢复过程的监控和管理,确保备份数据的完整性和可用性,也是保障数据安全的重要环节。

6.2.3　人才挑战与应对措施

6.2.3.1　专业技术人才短缺

（1）挑战。水利工程信息化管理与智能化发展需要大量的专业技术人才,涵盖了计算机科学与技术、水利工程、信息技术、数据分析、自动化控制等多个领域。然而,目前人才短缺问题严重,难以满足水利工程信息化建设和智能化发展的需求。这种短缺不仅体现在数量的不足上,还体现在质量的参差不齐上。许多水利工程项目缺乏具备全面专业知识和技能的人才,导致在信息化系统的开发、实施、运维等各个环节都面临困难。特别是在一些关键技术岗位上,如大数据分析师、人工智能工程师、系统架构师等,人才短缺的问题尤为突出,这严重制约了水利工程信息化管理和智能化水平的提升。

(2)应对措施。为解决专业技术人才短缺的问题,应加强人才培养和引进工作。首先,鼓励高校和科研机构开设相关专业课程和培训项目,培养具有专业知识和实践技能的人才。高校可以调整课程设置,增加与水利工程信息化和智能化相关的课程内容,如物联网技术、大数据分析、人工智能应用等,为学生提供全面的知识体系和实践机会。其次,科研机构可以开展针对性的培训项目,为在职人员提供继续教育和技能提升的机会。此外,政府和企业应加大对高端人才的引进力度,通过提供优厚的薪酬待遇、良好的工作环境和广阔的发展空间,吸引国内外优秀人才参与水利信息化建设和管理工作。在人才引进过程中,应注重人才的综合素质和创新能力,确保其能够为水利工程信息化和智能化发展做出实质性贡献。

6.2.3.2 操作人员技能水平不高

(1)挑战。智能监控系统的功能日益强大,涵盖了数据采集、处理、分析和控制等多个方面。然而,如果操作人员缺乏必要的专业知识和技能,就无法充分发挥系统的优势,甚至可能导致误操作和系统故障。许多水利工程项目在部署智能监控系统后,发现操作人员难以熟练掌握系统的操作和维护技能,影响了系统的正常运行和效率。特别是在一些偏远地区或基层单位,操作人员的技术水平普遍较低,难以满足智能监控系统运行的需求。

(2)应对措施。为提高操作人员的技能水平,应加强培训和教育工作。首先,建立健全的培训机制,为操作人员提供系统的培训课程和实践机会。培训内容应涵盖智能监控系统的基本原理、操作流程、故障排除等方面,确保操作人员能够全面掌握系统的功能和操作要点。同时,可以采用线上和线下相结合的方式,提供灵活多样的培训模式,方便操作人员随时随地学习。此外,建立健全的考核机制,定期对操作人员进行技能考核和评估,确保其能够熟练掌握系统的操作和维护技能。通过考核机制,可以激励操作人员积极学习和提升技能水平,同时也可以为人才选拔和晋升提供依据。除内部培训外,还可以邀请行业专家和技术人员开展专题讲座和技术交流活动,为操作人员提供更多的学习机会和视野拓展。

6.2.3.3 跨学科复合型人才需求增加

(1)挑战。随着水利信息化和智能化的发展,跨学科复合型人才的需求不断增加。这些人才不仅需要具备水利工程的专业知识,还需要掌握计算机科学、信息技术、数据分析、自动化控制等多个领域的知识和技能。然而,目前这种跨学科复合型人才相对匮乏,难以满足水利工程信息化和智能化发展的需求。跨学科复合型人才的培养需要跨领域的教育资源和培养体系,但目前许多高校和科研机构尚未形成完善的跨学科培养机制，导致人才供需矛盾突出。

（2）应对措施。为满足跨学科复合型人才的需求，应加强跨学科合作与交流。首先，鼓励高校和科研机构开展跨学科研究和创新活动，促进不同领域之间的知识融合和技术创新。通过跨学科研究，可以培养具备多学科背景和创新能力的复合型人才，为水利信息化和智能化发展提供有力的人才支持。同时，加大对跨学科复合型人才的培养和引进力度，通过提供优厚的薪酬待遇和良好的工作环境，吸引更多的跨学科人才参与水利信息化和智能化建设。在人才培养过程中，应注重理论与实践的结合，提供丰富的实践机会和项目经验，确保人才具备解决实际问题的能力。此外，建立跨学科合作平台，促进不同领域之间的交流和合作，为跨学科复合型人才的培养提供广阔的空间和机会。政府和企业也可以加大对跨学科合作的支持力度，通过提供资金和政策支持，推动跨学科研究和创新活动的深入开展。

参考文献

[1]高栋,吕桂鹏,李焕芝.浅谈智能水利在水利工程安全预警系统中的应用[J].治淮,2025(3):91-93.

[2]林向荣,林向阳.智慧水利:人工智能引领下的水利信息化革命[J].中国科技信息,2025(6):138-144.

[3]王国美.水利工程建设与管理的现代化与精细化分析[J].城市建设理论研究(电子版),2025(7):199-201.

[4]刘子轩.汛期水利工程监测系统的智能化管理与应用研究[J].数字农业与智能农机,2025(2):62-64.

[5]郎启庄,郎啟香,高宽.数字孪生技术赋能水利工程建设管理路径探索[J].水利建设与管理,2025,45(1):68-73.

[6]赵含雨.水利工程管理中智能监控系统的应用现状与未来发展趋势[J].中国战略新兴产业,2024(36):60-62.

[7]马成花.水利工程节水灌溉中自动化控制系统的设计与实现[J].科技与创新,2024(23):64-66.

[8]韩月朦.数字孪生技术在智慧水利工程中的应用研究[J].河南水利与南水北调,2024,53(11):88-90.

[9]程明,程功.水利工程信息化管理与智能化的发展路径研究[J].中国战略新兴产业,2024(33):66-68.

[10]孟明,赵地,张晨晓,等.水利工程智慧管理系统建设研究与探索[C]//中国水利学会,2024 中国水利学术大会论文集(第一分册).西安:西安理工大学,2024.

[11]黄卫华,魏伶芸.人工智能辅助水利工程监管的探索与应用[J].水利水电快报,2024(11):1-10.

[12]郭俊辰.水利工程安全风险分析及信息化技术应用探析[J].海河水利,2024(10):124-128.

[13]周艳艳.济宁市农田水利工程建设中信息技术的应用与发展[J].农业工程技术,2024,44(29):98-99.

[14]张刚.农田水利工程智能管理与养护模式[J].农业工程技术,2024,44(29):104-105.

[15]张旭,张峰,江来,等.白蚁智能监测系统在父子岭水库白蚁防治中的应用[J].长江技术经济,2024,8(5):103-107.

[16]张庆.水利信息化在防洪减灾体系建设中的作用与实践[J].信息系统工程,2024(9):114-116.

[17]邓艾武.信息化技术在水利工程运行管理中的应用[J].城市建设理论研究(电子版),2024(26):196-198.

[18]胡自勍.水利工程中的水闸智能化监测控制技术研究:以大藤峡水利枢纽工程为例

[J].农业开发与装备,2024(8):153-155.
[19]温新雷.水利闸门自动化控制中 PLC 技术的应用探析[J].河北水利,2024(8):43-44.
[20]刘德芳,张伟,石骁智,等.关于建立以数字孪生技术为基础的工程监测体系的探索:以都江堰灌区水利工程建设质量监测管控为例[J].四川水利,2024,45(4):115-119.
[21]唐文坚,申邵洪,杨恒玲,等.数字孪生水利工程关键技术及其应用实践:以江垭皂市工程为例[J].长江科学院院报,2024,41(8):172-179.
[22]李珊珊.水利工程中的智能监测与控制技术研究[J].水上安全,2024(15):37-39.
[23]梅雄.水利工程智能监测预警系统研究:评《集成 BIM 与无人机的输水工程安全监测分析与险情智能识别》[J].人民黄河,2024,46(8):162.
[24]黄春雷.水利工程应用人工智能现状与发展趋势分析[J].城市道桥与防洪,2024(7):159-161.
[25]李仁俊,密玲.数字孪生黄河水利工程安全智能分析预警技术[C]//江苏省水利学会,浙江省水利学会,上海市水利学会,等.2024(第十二届)中国水利信息化技术论坛论文集,南京:河海大学,2024.
[26]罗文统,李维国.人工智能在黄河水利工程管理中的应用[C]//江苏省水利学会,浙江省水利学会,上海市水利学会,等.2024(第十二届)中国水利信息化技术论坛论文集,南京:河海大学,2024.
[27]赵溪,王前.浅析人工智能在水利工程管理中的应用策略[C]//江苏省水利学会,浙江省水利学会,上海市水利学会,等.2024(第十二届)中国水利信息化技术论坛论文集,南京:河海大学,2024.
[28]李海瑞.长距离调水工程安全风险智能管理方法及在南水北调中线中的应用[D].郑州:华北水利水电大学,2024.
[29]林根昌.智能技术在泵站水利工程中的应用研究[J].中国设备工程,2024(9):38-40.
[30]吴婷婷.水利工程中人工智能技术的应用与前景展望[J].中国战略新兴产业,2024(11):51-53.
[31]李军伟.水利工程自动化控制应用趋势分析[J].科技与创新,2024(5):178-180.
[32]邵德刚.农田机械水利工程中的自动化控制与智慧化管理[J].农业工程技术,2024,44(5):53-54.
[33]武鹏程.人工智能技术在水利工程管理中的应用[J].网络安全和信息化,2024(2):59-61.
[34]吴娟.大型水利泵站自动化控制智能化技术的发展现状研究[J].灌溉排水学报,2023,42(7):147.
[35]俞蕾,任贺麟,王娜,等.水利工程建设项目档案智能监测系统设计与研究:以引江济淮工程(安徽段)H004 标亳州供水为例[J].四川档案,2023(3):36-38.
[36]胡晗.为南水北调中线安上智能“水龙头”[N].中国水利报,2023-06-15(008).
[37]牛广利,李天旸,杨恒玲,等.数字孪生水利工程安全智能分析预警技术研究及应用

[J].长江科学院院报,2023,40(3):181-185.
[38]周杰.水闸自动化控制设施维修养护分析浅谈[J].内蒙古水利,2022(9):61-62.
[39]詹全忠,陈真玄,张潮,等.《数字孪生水利工程建设技术导则(试行)》解析[J].水利信息化,2022(4):1-5.
[40]赵旭春.水利工程中闸门自动化监控系统研究[J].科技与创新,2022(13):150-152.
[41]秦兆明.水利工程河道防洪堤光纤式智能监测研究[J].水利技术监督,2022(6):60-62.
[42]郑会耀.水利工程自动化控制应用趋势[J].长江技术经济,2021,5(S2):44-46.
[43]茜扬.水利工程自动化控制系统故障排除方法探究[J].水利科技与经济,2021,27(2):93-96.
[44]茜扬.解读水利工程自动化控制应用趋势[J].中国设备工程,2021(2):250-251.
[45]赵海滨,李梅华.水利工程智能化运行管理实训[M].北京:中国水利水电出版社,2022.
[46]中国水利工程协会.水利工程建设安全生产管理[M].北京:中国水利水电出版社,2022.
[47]李端有,黄跃文,周芳芳,等.水利水电工程安全监测智能设备及系统[M].北京:科学出版社,2024.
[48]国家能源局.水电工程生态流量实时监测系统技术规范:NB/T 10385—2020[S].北京:中国水利水电出版社,2021.